JN121608

［新装版］

確率の基礎から 統計へ

吉田伸生 著

日本評論社

まえがき

本書の目指すもの: 本書は，主に大学理科系学部生を対象に，確率論への入門から統計の初歩までの解説を目的とする．もし著者が学生に戻り，確率・統計に入門するとしたら，

「こんな教科書で勉強したい！」

という理想を本書で体現すべく努めた．

　面白くない書物は読む気になれない．とりわけ入門書は面白くなくてはならない．そこで本書でも，身近で興味が持てそうな具体例に即して話を進め，抽象的になりがちな数学的概念に抵抗なく親しめるようにする．例えば，本書でとり上げる具体例として以下のようなものがある：

- いつまで待てば恋人に巡り会える？（指数分布の「無記憶性」）

- 知能指数 115 以上は全体の何パーセント？（正規分布表の読み方）

- 2010 年 FIFA ワールドカップでのゴール数（ポアソン分布の平均，適合度検定）

- 窓口の「一列並び」は何のためか？（独立確率変数の分散）

- お菓子を何個買えばオマケが全種類集まるか？（幾何分布の応用）

- 初恋がその後の恋愛に及ぼす影響は？（記録更新の独立性）

- 読売ジャイアンツ四監督の勝率に有意差はあるか？（平均差検定，分散分析）

- 「最近，東京の夏は暑くなった」というのは本当？（平均差検定）

- イチロー選手の打撃力にシーズン差はあるか？（分散分析）

- 気温が1度上がれば，ビールが何万本売れる？（回帰分析）

一方，入門書は，将来のより専門的な学習，さらには研究のための基礎を習得するための道場でもある．ただ，面白おかしければよいというものでもない．確率・統計の入門段階で特に重要なことは，知識を広めることではなく，基本的考え方，手法を繰り返し体に覚え込ませることである．これは，確率・統計に限らず，あらゆる技能の習得にも通じることであろう．その観点から，本書の内容は網羅的ではなく，むしろ根幹となる基本的項目を厳選し，それらを丁寧に述べた．また，練習問題（問）を通じて読者が自ら手を動かして習得できるようにした．ひとたび，基礎を体得された読者諸氏には，その後それぞれの目的に応じ，より専門的な教材が用意されるであろう．

予備知識： 大学理科系学部一年生で習う程度の，微分・積分学(例えば[吉田1])，線形代数学を前提とする．著者個人の経験からしても，大学で習う微分・積分学や線形代数学は，抽象的な印象を与えがちで，すぐには面白味がわかりにくいこともある．確率・統計への応用を目の当たりにすることで，微分・積分学や線形代数学の意義や面白味の再発見にもつながるのでは，と期待する．なお，現代の確率論はルベーグ積分論(例えば[吉田2])に基づいているので，本書でも必要に応じルベーグ積分論的な考え方を紹介することがあるが，ルベーグ積分論は予備知識として要求しない．

「証明」について： 本書では，本文中の定理・命題・補題を（多くの入門書で省略されるものも含め）すべて丁寧に証明する．ただし，その目的を

「なぜ成り立つか？」その本質を感じ取り，納得すること

とし，その目的から外れた技術的詳細は省略することもある．例えば，十分性質のよい 2 変数関数 $f : I \times J \to \mathbb{R}$ $(I, J \subset \mathbb{R}$ は区間) に対し

$$\int_{I \times J} f(x,y) dx dy \ (I \times J \subset \mathbb{R}^2 \ \text{上での積分}),$$

$$\int_I dx \int_J f(x,y) dy \ (\text{まず } y \in J \text{ で積分し，後から } x \in I \text{ で積分したもの})$$

$$\int_J dy \int_I f(x,y) dx \ (\text{まず } x \in I \text{ で積分し，後から } y \in J \text{ で積分したもの})$$

が一致すること（厳密にはフビニの定理：[吉田 2, 定理 5.3.2] 参照）などは，断りなく用いる．実際，こうしたことが成立しない病的な例は本書には登場しない．もちろん，厳密さも追及したい読者が，微積分やルベーグ積分の教科書を参照しつつ，上記のような詳細まで含め証明を精査されることは大い歓迎する．なお，「証明終わり」は \(^□^)/ で表す(たまに v(^ε^)v のこともある)．

(⋆) 印，「補足」について： やや難度の高い記述，あるいは補足的記述に (⋆) 印をつけた．(⋆) 印つきの項目は飛ばして読んでも全体の理解に支障はない．本書本文中では，数学的内容が読者にとって「重い」印象を与えないよう最大限工夫したつもりである．一方，それでは「物足りない」とお感じになる数学好きで意欲的な読者のために，技術的な部分や，発展的話題は節末尾に「補足」として述べた．「補足」は飛ばして読んでいただいても構わない．

数値計算について： 本書統計部分（第 5.3 節以降）では，やや複雑な数値計算が必要となる．簡単なもので十分なので，関数電卓を手元に置かれることをお勧めする．また，これは必要ではないが，各種計算ソフトなども活用され

れば，より楽しく本書を読み進められるであろう.

謝辞： 本書の執筆に際し，多くの方々からお力添えをいただいた．井原俊輔氏，杉浦誠氏，服部哲弥氏，福泉麗佳氏，矢野孝次氏——以上の方々は初稿に丁寧にお目通しくださり，有益なご指摘・ご助言をくださった．また吉田朋広氏には，電子メールの往復を通じ貴重なご助言をいただいた．中島誠君（本書執筆時，京都大学大学院博士課程）には本書で用いた作画ソフトの基本操作を教えていただいた．本書執筆時，京都大学四回生として，著者のゼミで学んでおられた大木健司君，柳澤名由太君，山川要一君にも初稿の査読をお願いし，「この部分の説明をもっと丁寧に」等，学生目線からの遠慮のない要望を多数いただいた．また，遊星社，西原昌幸氏には本書執筆の機会をいただき，その後も多大なご尽力をいただいた．以上の方々に厚くお礼申し上げたい.

新装版刊行に際して

本書出版の遊星社から日本評論社への引き継ぎにご尽力下さった佐藤大器氏，西原昌幸氏に感謝申し上げます.

2020 年 12 月

著　者

●編集部より　本書は遊星社より初版が発行されました.

目　次

序

0.1 用語と記号

本書で今後よく使われる用語と記号をまとめておく.

論理に関する用語・記号

命題 P, Q に対し

▶ $P \Longrightarrow Q$ は「P が成立するなら Q も成立する」という意味. $Q \Longleftarrow P$ も同義.

▶ $P \Longleftrightarrow Q$ は「$P \Longrightarrow Q$ かつ $P \Longleftarrow Q$」という意味.

なお, 論理記号ではないが, しばしば次の記号を用いる:

▶ $P \overset{\text{def}}{\Longleftrightarrow} Q$ は「P という新たな記号, あるいは概念を Q によって定義する」という意味. $P \overset{\text{def}}{=} Q$ も同義. この記号は P, Q が命題ではなく数式の場合にも多く用いる.

集合に関する用語・記号

▶ S を集合, $A \subset S$ とするとき,

$$\mathbf{1}_A(x) \overset{\text{def}}{=} \begin{cases} 1, & x \in A \text{ なら,} \\ 0, & x \notin A \text{ なら,} \end{cases} \quad (A \text{ の定義関数}). \tag{0.1}$$

また, $x, y \in S$ に対し

$$\delta_{x,y} \overset{\text{def}}{=} \begin{cases} 1, & x = y \ \text{なら}, \\ 0, & x \neq y \ \text{なら}, \end{cases} \qquad (\text{クロネッカーの記号}). \qquad (0.2)$$

▶ 集合 A, B に対し

$$A \cup B \overset{\text{def}}{=} \{z \,;\, z \in A \ \text{または} \ z \in B\}, \qquad (0.3)$$

$$A \cap B \overset{\text{def}}{=} \{z \,;\, z \in A \ \text{かつ} \ z \in B\}, \qquad (0.4)$$

$$A^{\mathsf{c}} \overset{\text{def}}{=} \{z \,;\, z \notin A\}, \qquad (0.5)$$

$$A \backslash B \overset{\text{def}}{=} A \cap B^{\mathsf{c}}. \qquad (0.6)$$

▶ 有限個の集合 $A_1, \ldots, A_n$, あるいは無限個の集合 $A_1, A_2, \ldots$ に対し

$$\bigcup_{j=1}^{n} A_j \overset{\text{def}}{=} \{z \,;\, z \in A_j \ \text{となる} \ j = 1, \ldots, n \ \text{が存在}\}, \qquad (0.7)$$

$$\bigcap_{j=1}^{n} A_j \overset{\text{def}}{=} \{z \,;\, \text{すべての} \ j = 1, \ldots, n \ \text{に対し} \ z \in A_j\}, \qquad (0.8)$$

$$\bigcup_{j \geq 1} A_j \overset{\text{def}}{=} \{z \,;\, z \in A_j \ \text{となる} \ j \geq 1 \ \text{が存在}\}, \qquad (0.9)$$

$$\bigcap_{j \geq 1} A_j \overset{\text{def}}{=} \{z \,;\, \text{すべての} \ j \geq 1 \ \text{に対し} \ z \in A_j\}. \qquad (0.10)$$

▶ 集合 $A_1, \ldots, A_n$ に対し $x_j \in A_j \ (j = 1, \ldots, n)$ を並べた記号 $(x_1, \ldots, x_n)$ 全体の集合を

$$A_1 \times \cdots \times A_n \qquad (0.11)$$

と記し, $A_1, \ldots, A_n$ の**直積**と呼ぶ. $(x_1, \ldots, x_n), (y_1, \ldots, y_n) \in A_1 \times \cdots \times A_n$ に対し,

$$(x_1, \ldots, x_n) = (y_1, \ldots, y_n) \overset{\text{def}}{\Longleftrightarrow} \text{すべての} \ j = 1, \ldots, n \ \text{に対し} \ x_j = y_j.$$

特に $A_1, \ldots, A_n$ が同一の集合 A の場合は (0.11) の代わりに A^n とも書く.

数に関する用語・記号

▶ $\mathbb{N} = \{0, 1, 2, \ldots\}$, $\mathbb{Z} =$ 整数全体, $\mathbb{R} =$ 実数全体, $\mathbf{i}$ は虚数単位を表す.

▶ $x \in \mathbb{R}$ に対し

$$\lfloor x \rfloor = x \text{ 以下の整数のうち最大のもの.} \tag{0.12}$$

▶ $x = (x_1, \ldots, x_n) \in \mathbb{R}^n$, および m 行 n 列行列 $A = \begin{pmatrix} a_{1\,1} & \cdots & a_{1\,n} \\ \vdots & \ddots & \vdots \\ a_{m\,1} & \cdots & a_{m\,n} \end{pmatrix}$

に対し,

$$|x| \stackrel{\text{def}}{=} \sqrt{x_1^2 + \cdots + x_n^2} \quad (\text{ユークリッドノルム}), \tag{0.13}$$

$${}^{\text{t}}x \stackrel{\text{def}}{=} \begin{pmatrix} x_1 \\ \vdots \\ x_n \end{pmatrix} \quad (\text{転置ベクトル}), \tag{0.14}$$

$${}^{\text{t}}A \stackrel{\text{def}}{=} \begin{pmatrix} a_{1\,1} & \cdots & a_{m\,1} \\ \vdots & \ddots & \vdots \\ a_{1\,n} & \cdots & a_{m\,n} \end{pmatrix} \quad (\text{転置行列}). \tag{0.15}$$

その他

今後定義される重要な記号と, その参照先をまとめておく. 本書を読みながら, 定義を復習したくなったときなどに活用されたい.

▶ Ω, $P \longrightarrow$ 定義 1.1.1 (pp.6–7).

▶ $N(m, v) \longrightarrow$ 例 1.3.4 (pp.15–16).

▶ $X \approx Y$, $X \approx \mu \longrightarrow$ 定義 1.5.4 (p.26).

▶ $E \longrightarrow$ 定義 2.1.1 (pp.29–30), 定義 2.1.4 (pp.32–33).

▶ $L^p(P) \longrightarrow$ 定義 2.1.6 (p.34).

▶ var, cov $\longrightarrow$ 定義 2.2.2 (pp.38–39).

▶ $\gamma(r,a)$, $\gamma_{r,a} \longrightarrow$ 定義 4.3.1 (p.68).

▶ $\overline{X}$, $|X|^2$, $\langle X \rangle \longrightarrow$ 定義 6.1.2 (pp.104–105).

▶ $\chi_k^2 \longrightarrow$ 定義 7.1.2 (p.119).

▶ $F_\ell^k \longrightarrow$ 定義 8.1.2 (p.131).

▶ $T_k \longrightarrow$ 定義 8.2.2 (p.137).

1

確率変数とその分布

1.1 確率の公理

確率という言葉は大人なら誰でも知っている．だが，現代数学における「確率」の正確な定義を知る人は稀だろう．我々はその珍しい人種の仲間入りをしようとしている．確率の正確な定義（定義 1.1.1）はすぐ後で述べるが，それはいくぶん抽象的であり，確率という言葉から喚起される素朴な直感と結びつきにくいかも知れない．そこで，抽象的な定義と素朴な直感とを結びつけるための準備体操として，確率を数学的にどう記述すべきかを直感的に考えよう．

まず，確率を次のように理解するのは自然である：

- 確率とは，ある「出来事」A（「事象」と呼ぶ）に対し，その起こりやすさを示す数 $P(A) \in [0,1]$ を対応させる写像：$A \mapsto P(A)$ であり $P(\Omega) = 1$ を満たすものである，ただし，Ω は「あらゆる可能性を含んだ事象」を表す．

例えばサイコロを振るときに，

$$j = 1, \ldots, 6, \quad A_j \stackrel{\text{def}}{=} \{ j \text{ の目が出る} \} \text{ に対し } P(A_j) = \frac{1}{6}. \tag{1.1}$$

また，

$$\Omega = \{1, \ldots, 6 \text{ のどれかの目が出る} \} \text{ に対し } P(\Omega) = 1.$$

一方，確率が次の性質をもつべきことも直感的に自然である：

- 一般に事象 $A_1, \ldots, A_n$ に対し,

$$\bigcup_{j=1}^{n} A_j = \{A_1, \ldots, A_n \text{ のどれかが起こる}\}$$

とするとき, $A_1, \ldots, A_n$ のどの二つも同時に起こり得ない（排反）なら

$$P\left(\bigcup_{j=1}^{n} A_j\right) = \sum_{j=1}^{n} P(A_j) \quad \text{(有限加法性)}. \tag{1.2}$$

(1.2) は, これにより基本的な事象の確率から, より複雑な事象の確率が計算できるという意味でも重要である. 例えば (1.1) の A_j に (1.2) を使うと

$$P(\text{偶数の目が出る}) = P(A_2) + P(A_4) + P(A_6) = \frac{1}{6} + \frac{1}{6} + \frac{1}{6} = \frac{1}{2}.$$

上の直感的説明を頭におきつつ, 確率（測度）の数学的定義（定義 1.1.1）を述べる. 上の直感的説明と厳密な定義の主な違いは次の二点である.

- どんな A に対しても $P(A)$ が定まるとは限らない（「可測性」の概念）.

- (1.2) で述べたことは, 無限個の事象 $A_1, A_2, \ldots$ でも成立する.

定義 1.1.1 Ω を集合とする. P が Ω 上の**確率測度**であるとは, P が以下の条件 P0)–P3) を満たすことである.

P0) 任意の $A \subset \Omega$ は**可測**なものと, そうでないものに区別される. ここで可測とは確率を測ることができる集合のことで, 可測な集合を**事象**と呼ぶ. 事象 $A \subset \Omega$ に対し, $P(A) \in [0,1]$ が定まり, $P(A)$ を A の**確率**と呼ぶ.

P1) A が事象なら, その補集合 A^c も事象（事象 A に対し A^c を**余事象**と呼ぶ）.

P2) 空集合 $\emptyset$, 全体集合 Ω は共に事象で $P(\emptyset) = 0, P(\Omega) = 1$.

P3) 事象 $A_1, A_2, \ldots \subset \Omega$ に対し $\bigcup_{j=1}^{n} A_j$ $(n = 2, 3, \ldots)$ および $\bigcup_{j\geq 1} A_j$ も事象である. 特に $A_1, A_2, \ldots$ が排反 $(A_j \cap A_k = \emptyset, j \neq k)$ なら有限加法性 (1.2) に加え, 次が成立する:

$$P\left(\bigcup_{j\geq 1} A_j\right) = \sum_{j\geq 1} P(A_j) \quad \text{(可算加法性)}. \tag{1.3}$$

文脈によっては, 確率測度のことを**分布**と呼ぶこともある[1].

注 1 P0)–P3) で述べた確率 P の性質は $(P(\Omega) = 1$ を除き), 長さ, 面積, 体積, さらにそれらを一般化した「測度」という概念に共通する ([吉田 2, 第 1 章]). 実際「確率測度」とは「集合 Ω 上の測度 P で $P(\Omega) = 1$ を満たすもの」に他ならない[2].

注 2 定義 1.1.1 で Ω の中の「可測」な部分集合のみを「事象」として区別したが, 実は今後 (命題 1.1.2 より後) は気にしなくてよい. 出てくる集合はすべて可測だからである. したがって厳密には正しくないが, 感覚として

「すべての $A \subset \Omega$ は可測 (したがって事象)」

と思ってよい. 安全に車を運転するために相対性理論まで気にする必要がないのと同じことである.

注 3 P3) で「有限個の和集合 $\bigcup_{j=1}^{n} A_j$ $(n = 2, 3, \ldots)$ が事象」,「無限個の和集合 $\bigcup_{j\geq 1} A_j$ が事象」の両方を仮定したが, 実は後者から前者が従う. 実際, 後者で $A_{n+1} = A_{n+2} = \cdots = \emptyset$ という特別な場合を考えれば P2) より A_j $(j \geq 1)$ はすべて事象かつ $\bigcup_{j=1}^{n} A_j = \bigcup_{j\geq 1} A_j$. 同じ考え方で, 可算加法性から有限加法性が従う.

　次の命題で, 定義 1.1.1 から事象や確率の基本的性質をいくつか導いてみよう. これは一見, 抽象的で味気ない作業に思えるかも知れないが, ごく少数の公理から出発し, いろいろな性質を厳密に導くのは, ちょっとした快感 (洗練された数学理論の醍醐味) なので, 少しそれを味わってみよう.

---

[1] 実は「確率測度」と「分布」という二つの言葉は, 完全な同義語でなく, 両者には微妙な使い分けがある. 使い分けは定義 1.5.1 の後に説明するが, それまで便宜的に同義語扱いする.

[2] 1930 年代の初め頃, ウラム (1932) やコルモゴロフ (1933) は「確率」をルベーグ積分論の流儀に従って公理化した. ルベーグ積分論という強力な武器を手に入れた確率論は, その後急速に発展した.

命題 1.1.2   記号は定義 1.1.1 のとおり，$A_1, A_2, \ldots$ を事象とするとき，

有限個の交差 $\bigcap_{j=1}^{n} A_j$ $(n = 2, 3, \ldots)$，および
無限個の交差 $\bigcap_{j \geq 1} A_j$ は事象である，   (1.4)

$$P(A_1) \leq P(A_1 \cup A_2) \quad (\text{単調性}), \tag{1.5}$$

$$\lim_{n \to \infty} P\left(\bigcup_{j=1}^{n} A_j \right) = P\left(\bigcup_{j \geq 1} A_j \right) \quad (\text{増大連続性}), \tag{1.6}$$

$$P\left(\bigcup_{j=1}^{n} A_j \right) \leq \sum_{j=1}^{n} P(A_j) , \ n = 2, 3, \ldots \ (\text{有限劣加法性}), \tag{1.7}$$

$$P\left(\bigcup_{j \geq 1} A_j \right) \leq \sum_{j \geq 1} P(A_j) \quad (\text{可算劣加法性}). \tag{1.8}$$

証明   (1.4)：無限個の交差について示す(有限個の交差についても同様)．ド・モルガンの法則[3] より

$$\left(\bigcup_{j \geq 1} A_j \right)^{\mathsf{c}} = \bigcap_{j \geq 1} A_j^{\mathsf{c}}.$$

上で，A_j を A_j^{c} に置き換えて $(A_j^{\mathsf{c}})^{\mathsf{c}} = A_j$ に注意すると，

1) $\left(\bigcup_{j \geq 1} A_j^{\mathsf{c}} \right)^{\mathsf{c}} = \bigcap_{j \geq 1} A_j.$

P1), P3) と上記 1) を組み合わせると，

$$A_j, j \geq 1 \ \text{は事象} \quad \overset{\text{P1)}}{\Longrightarrow} \quad A_j^{\mathsf{c}}, j \geq 1 \ \text{は事象}$$

$$\overset{\text{P3)}}{\Longrightarrow} \quad \bigcup_{j \geq 1} A_j^{\mathsf{c}} \ \text{は事象}$$

$$\overset{\text{P1)}}{\Longrightarrow} \quad \left(\bigcup_{j \geq 1} A_j^{\mathsf{c}} \right)^{\mathsf{c}} \ \text{は事象} \ \overset{\text{1)}}{\Longrightarrow} \ \bigcap_{j \geq 1} A_j \ \text{は事象}.$$

(1.5) 以下を示すため，$B_0 = \emptyset$，$B_n = \bigcup_{j=1}^{n} A_j$ $(n \geq 1)$ とする．各 $n \geq 1$ に対し，B_n は有限個の排反事象：$B_j \backslash B_{j-1}$ $(1 \leq j \leq n)$ の和[4]，また $B \overset{\text{def}}{=} \bigcup_{j \geq 1} A_j = \bigcup_{j \geq 1} B_j$ は無限個の排反事象：$B_j \backslash B_{j-1}$ $(j \geq 1)$ の和．したがって

---

[3] ∪, ∩ に無限個の集合が参加する場合でも成立する．
[4] (0.6) 参照.

2) $\qquad P(B_n) \overset{(1.2)}{=} \sum_{j=1}^{n} P(B_j \backslash B_{j-1}),$

3) $\qquad P(B) \overset{(1.3)}{=} \sum_{j \geq 1} P(B_j \backslash B_{j-1}).$

さらに B_j の定義から

4) $\qquad B_j \backslash B_{j-1} = A_j \backslash B_{j-1}.$

特に

5) $\qquad B_1 \backslash B_0 = A_1, \;\; B_2 \backslash B_1 = A_2 \backslash A_1.$

2) で $n=2$ とし，5) に注意すると，

$$P(A_1 \cup A_2) \overset{2),5)}{=} P(A_1) + P(A_2 \backslash A_1) \geq P(A_1). \tag{1.9}$$

特に (1.5) を得る．また，2), 3) の右辺どうしを見比べ，$\lim_{n \to \infty} P(B_n) = P(B)$，すなわち (1.6) を得る．さらに $B_j \backslash B_{j-1} \overset{4)}{\subset} A_j$，および単調性に注意し，2), 3) からそれぞれ (1.7), (1.8) を得る． $\qquad\qquad$ \\(^□^)/

▶**問 1.1.1** 事象 A_1, A_2 に対し次を示せ：

$$P(A_2 \backslash A_1) = P(A_2) - P(A_1 \cap A_2). \tag{1.10}$$

なお，(1.10) で $A_2 = \Omega$ とすると，

$$P(A_1^{\mathsf{c}}) = 1 - P(A_1), \tag{1.11}$$

また (1.10) を (1.9) に代入すると，

$$P(A_1 \cup A_2) = P(A_1) + P(A_2) - P(A_1 \cap A_2). \tag{1.12}$$

▶**問 1.1.2** 事象 $A_1, A_2, \ldots$ に対し次を示せ：

$$\lim_{n \to \infty} P\left(\bigcap_{j=1}^{n} A_j \right) = P\left(\bigcap_{j \geq 1} A_j \right) \text{（減少連続性）}. \tag{1.13}$$

（ヒント：(1.6), (1.11)）

1.2　離散分布とその例

1.2, 1.3 節で，分布の具体例を紹介する．これらの例では

$$\Omega \text{ の代わりに } S, \ P \text{ の代わりに } \mu$$

という記号を使うことにする．実はそうする方が後々の記号の対応がよくなる．

まずは少し一般的な定義を与える．

定義 1.2.1（離散分布）

▶ $S = \{s_1, s_2, \ldots\}$（有限個でも無限個でもよい），すべての $A \subset S$ は可測とする．

▶ 関数 $\rho : S \to [0,1]$ は $\sum_{s \in S} \rho(s) = 1$ を満たすとする．

これらを用い，S 上の分布 μ を次のように定める：

$$A \subset S \text{ に対し} \quad \mu(A) \overset{\text{def}}{=} \sum_{s \in A} \rho(s). \tag{1.14}$$

上のような形をもつ分布を総称して**離散分布**と呼ぶ．

離散分布の具体例を紹介する．

例 1.2.2（**離散一様分布**）　$2 \leq N \in \mathbb{N}$ とする．定義 1.2.1 で

$$S = \{1, 2, \ldots, N\}, \ \rho(s) = 1/N$$

として得られる分布 μ を**離散一様分布**と呼ぶ．N 個の可能性が「同様に確からしい」ときの分布がこれにあたる．例えば，サイコロを振って出る目の分布なら $N = 6$，また閏年生まれでない人に誕生日を尋ね，答えてくれたとし，帰ってくる答えの分布なら $N = 365$.

例 1.2.3（$(1, p)$-**二項分布**）　$0 \leq p \leq 1$ とする．定義 1.2.1 で

$$S = \{0, 1\}, \ \rho(1) = p, \ \rho(0) = 1 - p$$

として得られる分布 μ を $(1,p)$-**二項分布**と呼ぶ．例えば，賭けの勝ち負けはこの分布で記述できる $(1, 0$ がそれぞれ「勝ち」，「負け」に対応し，勝率は $p)$．$(1,p)$-二項分布は，例 4.1.1 で述べる (n,p)-二項分布の $n=1$ の場合である．

例 1.2.4（ポアソン分布）　$c>0$ とする．定義 1.2.1 で

$$S = \mathbb{N} = \{0,1,2,\dots\}, \quad \rho(n) = \frac{e^{-c}c^n}{n!} \quad （文字 s の代わりに n を用いた）\quad (1.15)$$

として得られる分布 μ を c-**ポアソン分布** と呼ぶ[5]．いくつかの c に対する数表[6]と棒グラフは，以下のようになる．

表 1: ポアソン分布の近似値

$c \backslash n$	0	1	2	3	4	5	6	7	8	9	10
$c=0.5$	.607	.303	.076	.013	.002	.0002					
$c=1$	.368	.368	.184	.061	.015	.003	.0005				
$c=2$	.135	.271	.271	.180	.090	.036	.012	.003	.001		
$c=3$	.050	.150	.224	.224	.168	.101	.050	.022	.008	.003	.0008

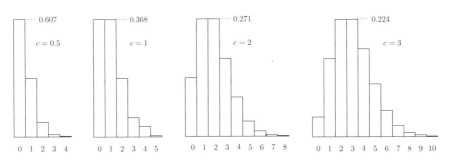

----

[5] ポアソン分布の歴史は，フランスの数学者ポアソンの論文："Recherches sur la probabilité des jugements en matière criminelle et matière civile" (1837) にまでさかのぼると言われる．後に，ボルトキーヴィッツは著書："Das Gesetz der kleinen Zahlen" (1898) で馬に蹴られて命を落としたプロシア騎馬兵の数がポアソン分布に従うことを報告している．さらに後，ラザフォードとガイガーは放射性原子の崩壊に伴って放出される α-粒子数を単位時間内で数える実験を繰り返し，その分布がポアソン分布と適合することを見出した (1910).

[6] ごく簡単な電卓でも $\rho(0) = e^{-c}$ と漸化式 $\rho(n) = c\rho(n-1)/n$ から順次，求められる．0.0001 未満の値は略した．

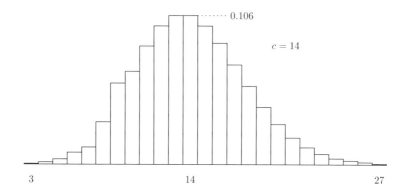

$c \leq 1$ なら，$\rho(n)$ は単調減少する($c = 0.5, 1$ の図参照）．$c > 1$ なら，グラフ
は c 付近を山頂とする山形になる（$c = 2, 3$ の図参照）．c をさらに大きくする
と，グラフは c 付近を中心とした対称形に近づき，後述する正規分布と似て
くる（$c = 14$ の図と，例 1.3.4 の図を比較せよ）．実はこれにより我々は，後
述する中心極限定理 ((5.23) 参照) の一例をすでに目の当たりにしている．

$\sum_{n \in S} \rho(n) = 1$ は，よく知られた指数関数のベキ級数（冪級数）展開から
わかる：

$$e^c = \sum_{n=0}^{\infty} \frac{c^n}{n!}. \tag{1.16}$$

日常，見聞きするさまざまな数字の中で，数字 n が (1.15) の確率 $\rho(n)$ で観
測される（つまりポアソン分布に従う）例は多い．それらは「大量観察によ
り現れる稀事象の発生件数」という共通の性格をもつ．例えば[7]

- 大都市での1日あたりの交通事故数： 一人一人が交通事故に遭う確率
  は大変小さいが，交通量が多い大都市では，事故は何件か起こる．

- 不良品の数： ある製品が不良品である確率は小さいが，大きな工場で
  はある程度の製品不良が発生する．

---

[7] 具体的数値は，交通事故については [鷲尾, pp.83–86]，サッカーのゴールについては本書
の例 2.1.3，ホームラン数については [蓑谷, 1 巻, p.139] をそれぞれ参照されたい．

- サッカーの試合で，1チーム1試合あたりのゴール数：サッカーのゴールはなかなか決まらないが，試合時間がある程度長いので，その中で何本か（多くは0〜2本）が決まる．

- 野球の試合で，1チーム1試合あたりのホームラン数：打者がホームランを打つ確率は比較的小さいが，1チーム1試合中の全打席を合わせると，ホームランが何本か（これも多くは0〜2本）入る．

ポアソン分布が，「大量観察により現れる稀事象の発生件数」を記述する理由は，例えば後述する「少数の法則」（定理5.1.2）により説明できる．

‖**問 1.2.1** (1.15) の $\rho(n)$ に対し以下を示せ．$n \leq \lfloor c \rfloor \Rightarrow \frac{\rho(n)}{\rho(n-1)} = \frac{c}{n} \geq 1$ ((0.12) 参照)．また，$n \geq \lfloor c \rfloor \Rightarrow \frac{\rho(n+1)}{\rho(n)} = \frac{c}{n+1} < 1$．したがって，$\rho(n)$ は $n \leq \lfloor c \rfloor$ で非減少，$n \geq \lfloor c \rfloor$ で非増加，$n = \lfloor c \rfloor$ ($\overset{\text{ほぼ}}{=} c$) で最大になる．

1.3 連続分布とその例

離散分布（定義1.2.1）と対照的なのは，次のような形の分布である．

定義 1.3.1（連続分布）

▶ $I_1, \ldots, I_d \subset \mathbb{R}$ を区間とする．次の形をもつ $I \subset \mathbb{R}^d$ を $\mathbb{R}^d$ における**区間**と呼ぶ：

$$I = \{(x_1, \ldots, x_d) \,;\, x_1 \in I_1, \ldots, x_d \in I_d\}.$$

($d = 2$ なら長方形，$d = 3$ なら直方体)

▶ $S \subset \mathbb{R}^d$ を区間，$\rho \colon S \to [0, \infty)$ は連続，かつ次を仮定する[8]：

$$\int_S \rho = 1. \tag{1.17}$$

---

[8] $\int_S \rho$ は $\int_S \rho(x)dx$ の略記．以下でも同様に略記する．また，多次元の積分を $\int \cdots \int$ と積分記号を重ね書きする流儀もあるが，本書では次元によらず一度だけ記す．

これらを用い，S 上の分布 μ を次のように定める．すべての区間 $I \subset S$ は可測かつ

$$\mu(I) = \int_I \rho. \tag{1.18}$$

上のような形をもつ分布を総称し**連続分布**と呼ぶ．また，上の ρ を μ の**密度**，あるいは**密度関数**と呼ぶ．

注 ルベーグ積分論によれば，ボレル集合体 ([吉田 2, 定義 1.2.6]) と呼ばれる集合族を可測な集合全体と定めることにより，定義 1.3.1 で定めた連続分布が定義 1.1.1 の公理を満たすことが保証される．

連続分布（定義 1.3.1）の具体例を挙げる．例 1.3.6 以外は $d = 1$ の場合である．

例 1.3.2（一様分布） $-\infty < a < b < \infty$ とする．定義 1.3.1 で，$d = 1$,

$$S = (a, b), \quad \rho(x) = 1/(b-a)$$

として得られる分布 μ を**一様分布**と呼ぶ．例えば，机の上でペンを勢いよく回転させ，ペンの先がどの角度を向いた状態で回転が止まるか？ を考えると「すべての角度が同様に確からしい」という気がする．これは一様分布（$a = 0, b = 2\pi$）で記述できる．

例 1.3.3（指数分布） $r > 0$ とする．定義 1.3.1 で，$d = 1$,

$$S = (0, \infty), \quad \rho(x) = re^{-rx}$$

として得られる分布 μ を r-**指数分布**と呼ぶ．以下で述べるように，「待ち時間」は指数分布に従うと考えられる．

恋人のいない若者の葛藤： 例えば恋人がいない若者が，どれだけ待てば恋人に巡り会えるか？ と考えたとする．恋人がいない，という事実が今後の自分に与える影響について，若者の中でいろいろな考えが巡るだろう．例えば，

楽観： これだけ待ったのだから，そろそろ恋人が現れるだろう (^o^)

悲観： 恋人がいないのは，自分に何らかの（性格的？）要因があるからに違いない．今後ますます，恋人いない歴は長引くだろう (T△T)

前者を信じれば，うまくいかなかった場合のショックが大きい．かと言って，後者は … 認めたくない！ そこで，スパッと間をとり

中立： 今まで恋人がいなかった時間と，これから巡り会うまでの時間は無関係 (￣.￣)

をとると，待ち時間の分布 μ は指数分布になる．つまり，中立説を式で表現すると，

$$\text{任意の } s,t > 0 \text{ に対し} \quad \mu([s+t,\infty))/\mu([s,\infty)) = \mu([t,\infty)) \tag{1.19}$$

となる[9]が，上記関係式（**無記憶性**）は指数分布を特徴づける（問 1.3.1 参照）．

注 指数分布が生物や機械の「寿命」を表すとも言われるが，それは，時間の経過による老化や劣化を無視できるような特別な状況でのみ正しい．実際，老化や劣化を考慮すると「寿命」に対しては (1.19) は成立しない．

例 1.3.4（正規分布） $m \in \mathbb{R}, v > 0$ とする．定義 1.3.1 で，$d = 1$,

$$S = \mathbb{R}, \quad \rho(x) = \frac{1}{\sqrt{2\pi v}} \exp\left(-\frac{(x-m)^2}{2v}\right) \tag{1.20}$$

として得られる分布を**正規分布**と呼び，記号 $N(m,v)$ で表す[10]．特に $N(0,1)$ を**標準正規分布**と呼ぶ．$\rho(x)$ のグラフは次ページの図のとおり m を中心とし

---

[9] 「時刻 s において恋人がいない，という条件の下で，さらに時間 t 以上恋人がいない確率」＝「時間 t 以上恋人がいない確率」．

[10] N は normal（正規）の頭文字．正規分布は，ド・モアブルにより二項分布の極限として導入された (1733)．また，ガウスが，天体観測の誤差の研究から最小二乗法を確立する過程でも正規分布が重要な役割を担った (1795)．これにちなみ，正規分布を**ガウス分布**とも呼ぶ．(1.20) の ρ が (1.17) を満たすことはラプラスにより示された．その証明は大学一年程度の微積分でも習うが，念のため，本節末に計算方法のひとつを紹介する．

た山形で，変曲点 $m \pm \sqrt{v}$ が山頂付近と裾野を隔てるひとつの目安になる．山は，v が小さいと高くそびえ立ち，逆に v が大きいと低くなだらかである．

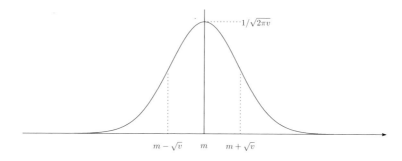

世の中には，身長，観測誤差，試験の点数[11] など，正規分布に適合するデータは多い．また体重や所得のように，そのままでは正規分布に適合しないが，データを適切に変換すると正規分布に適合する例もある(例 1.5.3, 問 1.5.4)．そのため，正規分布は，確率・統計で「分布の王様」と言える重要な地位を占める．$N(m, v)$ の m はデータの平均，v はデータのばらつきの大きさを表す(正確な意味は (2.12), (2.32) 参照).

簡易正規分布表： $\mu = N(0, 1)$, $\alpha \in (0, 1/2)$ とするとき，

$$\mu([x(\alpha), \infty)) = \alpha \quad (\text{したがって } \mu([-x(\alpha), x(\alpha)]) = 1 - 2\alpha) \qquad (1.21)$$

を満たす $x(\alpha)$ の近似値はよく利用されるので，統計学の教科書巻末等に載っているし，インターネットからも容易に入手できる．ここでは，本書に十分な範囲で表にする．

---

[11] 試験の種類によって適合しない場合もある．

表 2: 簡易正規分布表

α	.4602	.4207	.4013	.3821	.3446	.3085	.2743	.2420	.2119	.1841	.1587
$x(\alpha)$	0.1	0.2	0.25	0.3	0.4	0.5	0.6	0.7	0.8	0.9	1
α	.1357	.1151	.0968	.0808	.0668	.0500	.0446	.0359	.0287	.0250	.0228
$x(\alpha)$	1.1	1.2	1.3	1.4	1.5	1.6448	1.7	1.8	1.9	1.9600	2
α	.0179	.0139	.0107	.0082	.0062	.0050	.0047	.0035	.0025	.0019	.0013
$x(\alpha)$	2.1	2.2	2.3	2.4	2.5	2.5758	2.6	2.7	2.81	2.9	3

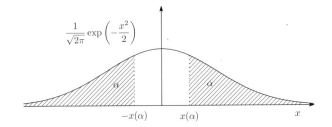

特に, $N(0,1)$ の確率の 95 % ($\alpha = 0.025$) が区間 $[-1.96, 1.96]$ に, 99 % ($\alpha = 0.005$) 以上が 区間 $[-2.58, 2.58]$ に集中することがわかる. ちなみに $x \mapsto \mu([x, \infty))$ は初等関数でないが, x が大きいときの値は $\frac{1}{x\sqrt{2\pi}} e^{-x^2/2}$ に近い(問 1.3.2).

例 1.3.5（知能指数と正規分布） 知能指数 (IQ = intelligencequotient) の分布は $N(100, 15^2)$ と考えられる [12]. このことと正規分布表から次の表が得られる.

IQ	全体に占める割合
115 以上	15.9 %
130 以上	2.28 %
145 以上	0.13 %

---

[12] 知能検査の成績から知能指数を計算する式（ウィクスラー式）が, そうなるように決めてある. 他に, $N(100, 16^2)$ となるようにする式（田中–ビネー式）もある.

どのように得られるか説明しよう. まず変数変換: $y = (x - m)/\sqrt{v}$ より,

1) $\dfrac{1}{\sqrt{2\pi v}} \displaystyle\int_{m+t}^{\infty} \exp\left(-\dfrac{(x-m)^2}{2v}\right) dx = \dfrac{1}{\sqrt{2\pi}} \int_{t/\sqrt{v}}^{\infty} \exp\left(-\dfrac{y^2}{2}\right) dy.$

ここで $m = 100, v = 15^2$ とすると 1) の左辺は IQ $100+t$ 以上の集団が全体に占める割合を表す. 一方, (1.21) の α を

2) $x(\alpha) = t/\sqrt{v} = t/15$

となるようにとれば, 1) の右辺 $= \alpha$. したがって, 1) と (1.21) から

3) IQ $100+t$ 以上は全体の $100 \times \alpha$ %.

特に $t = 15, 30, 45$ とすると $x(\alpha) \overset{2)}{=} 1, 2, 3$. 正規分布表より, これらはそれぞれ $\alpha = 0.1587, 0.0228, 0.0013$ に対応する. したがって, 3) より表の結果を得る.

例 1.3.6(多次元正規分布) $v > 0$ とする. 定義 1.3.1 で,

$$S = \mathbb{R}^d, \quad \rho(x) = \frac{1}{(2\pi v)^{d/2}} \exp\left(-\frac{|x|^2}{2v}\right) \quad (\text{ただし } |x| = \sqrt{x_1^2 + \cdots + x_d^2})$$

として得られる分布を d **次元正規分布**と呼ぶ[13]. 特に, $v = 1$ の場合を d 次元**標準**正規分布と呼ぶ. 上の ρ に対する (1.17) も大学一年程度の微積分で習うが, 念のため, 本節末に計算方法を紹介する.

　1827 年, 植物学者ロバート・ブラウンは, 水に浮かんだ微小粒子の不規則な運動(ブラウン運動)を観測した. この運動の原因は水分子からの衝突によるものであった. 20 世紀初め, アルバート・アインシュタインが与えた説明によると, 時刻 $t = 0$ に水面の点 $x = 0 \in \mathbb{R}^2$ を出発したブラウン運動が時刻 $t = v > 0$ に水面上の 2 次元区間 I の中で観測される確率は 2 次元正規

---

[13] 多次元正規分布は, 平均ベクトルと共分散行列を導入してより一般的に定義されることも多いが, 簡単のため特別な場合のみ考える.

分布で与えられる. また, 気体分子の速度ベクトル (3 次元ベクトル) が区間 $I \subset \mathbb{R}^3$ 内で観測される確率は 3 次元正規分布で与えられる(マックスウェル–ボルツマンの速度分布則). ただし, 温度 T のとき, 質量 m の分子に対し $v = k_B T/m$ (k_B はボルツマン定数).

さて, $d = 1$ の場合の (1.18) は少しだけ簡単に書き換えられる. 知っていると後々便利なので述べておこう.

補題 1.3.7 $S = (a,b)$ $(-\infty \leq a < b \leq \infty)$, $\rho : S \to [0,\infty)$ は連続, $\int_S \rho = 1$ とする. このとき, (a,b) 上の確率測度 μ に対し以下の条件は同値である.

a) μ は密度 ρ をもつ連続分布である, すなわち (1.18) が成立する ($S = (a,b)$).

b) すべての $s \in S$ に対し

$$\mu((a,s]) = \int_a^s \rho. \tag{1.22}$$

c) すべての $s \in S$ に対し

$$\mu((s,b)) = \int_s^b \rho. \tag{1.23}$$

証明 a) $\Rightarrow$ b): (1.18) で $I = (a,s]$ とすれば (1.22) を得る.

b) $\Rightarrow$ a): 区間 $I \subset S$ を任意とし, その端点を s_1, s_2 $(a \leq s_1 \leq s_2 \leq b)$ とする. このとき, I として次の四つの場合がある:

1) (s_1, s_2), $(s_1, s_2]$ $(s_2 < b)$, $[s_1, s_2)$ $(a < s_1)$, $[s_1, s_2]$ $(a < s_1 \leq s_2 < b)$.

このうち $I = (s_1, s_2]$ $(s_2 < b)$ の場合を考える. このとき, 区間 $(a, s_1], (a, s_2]$ に (1.22) を用い,

$$\mu(I) = \mu((s_1, s_2]) \overset{(1.3)}{=} \underbrace{\mu((a, s_2])}_{=\int_a^{s_2} \rho} - \underbrace{\mu((a, s_1])}_{=\int_a^{s_1} \rho} = \int_{s_1}^{s_2} \rho = \int_I \rho.$$

これで，(1.18) が言えた．1) に挙げた可能性の一つについて示したが，実は
これで本質は尽きていて，他の場合の証明も上で示した場合に帰着する．そ
の詳細は省略するが，上で示したことを用いると，条件 b) の下で，すべて
の $s \in S$ に対し $\mu(\{s\}) = 0$ がわかるので(本節末の補足参照)，I が端点を含
むか否かで $\mu(I)$ の値は不変．

b) ⇔ c)：次の関係による：

$$\mu((s,b)) = 1 - \mu((a,s]), \quad \int_s^b \rho = 1 - \int_a^s \rho. \qquad \backslash(\char94\Box\char94)/$$

例 1.3.8　補題 1.3.7 の代表的適用例として，

- $S = (a,b)$ 上の分布 μ に対し

$$\mu \text{ が一様分布} \overset{\text{補題 1.3.7b)}}{\Longleftrightarrow} \text{ 任意の } s \in S \text{ に対し } \mu((a,s]) = \frac{s-a}{b-a}.$$

- $S = (0, \infty)$ 上の分布 μ に対し

$$\mu \text{ が } r\text{-指数分布} \overset{\text{補題 1.3.7c)}}{\Longleftrightarrow} \text{ 任意の } s \in S \text{ に対し } \mu((s,\infty)) = e^{-rs}.$$

補足 1：例 1.3.4，例 1.3.6 に対する (1.17) を示す．まず，例 1.3.4 の場合を
考える．変数変換 $y = (x-m)/\sqrt{v}$ により，$m = 0, v = 1$ の場合に帰着す
る．したがって

$$\int_{-\infty}^{\infty} \exp\left(-\frac{x^2}{2}\right) dx = \sqrt{2\pi}, \quad \text{すなわち } I \overset{\text{def}}{=} \int_0^{\infty} \exp\left(-\frac{x^2}{2}\right) dx = \sqrt{\pi/2}$$

$$\tag{1.24}$$

を言えばよい．いま，I^2 を

$$I^2 = \int_0^{\infty} dx \int_0^{\infty} \exp\left(-\frac{x^2 + y^2}{2}\right) dy,$$

つまり，関数 $\exp\left(-\frac{x^2+y^2}{2}\right)$ をまず y で積分し，その後で x で積分したもの
と考える．そうして，y で積分する段階で変数変換 $z = y/x$ を施すと，

$$I^2 = \int_0^{\infty} dx \int_0^{\infty} \exp\left(-\frac{x^2 + x^2 z^2}{2}\right) x dz.$$

次に x, z の積分順序を交換して,

$$I^2 = \int_0^\infty dz \int_0^\infty \exp\left(-\frac{(1+z^2)x^2}{2}\right)xdx = \int_0^\infty \frac{dz}{1+z^2}$$
$$\overset{z=\tan\theta}{=} \int_0^{\pi/2} \frac{1}{1+\tan^2\theta}\frac{d\theta}{\cos^2\theta} = \pi/2, \ \ \text{つまり} \ \ I = \sqrt{\pi/2}.$$

次に例 1.3.6 の場合を考える. この場合も変数変換 $y = x/\sqrt{v}$ より $v = 1$ の場合に帰着する. したがって $J \overset{\text{def}}{=} \int_{\mathbb{R}^d} \exp\left(-\frac{|x|^2}{2}\right)dx = (2\pi)^{d/2}$ を言えばよい. いま, J を

$$J = \int_{\mathbb{R}} dx_d \cdots \int_{\mathbb{R}} dx_2 \int_{\mathbb{R}} \exp\left(-\frac{x_1^2+\cdots+x_d^2}{2}\right)dx_1,$$

つまり, 関数 $\exp\left(-\frac{x_1^2+\cdots+x_d^2}{2}\right)$ をまず x_1 で積分し, その後で x_2 で積分, という具合に逐次に d 回積分したものと考える. その際, 各段階で (1.24) を用い $J = (2\pi)^{d/2}$ を得る.

補足 2: 補題 1.3.7 で「条件 b) $\Rightarrow$ すべての $s \in S$ に対し $\mu(\{s\}) = 0$」は次のようにしてわかる. 十分大きい n に対し $a < s - \frac{1}{n}$. また, b) $\Rightarrow$ a) の証明から, $\mu((s-\frac{1}{n}, s]) = \int_{s-\frac{1}{n}}^s \rho$. さらに, $\{s\} = \bigcap_{n\geq 1}(s-\frac{1}{n}, s]$ に注意して,

$$\mu(\{s\}) \overset{(1.13)}{=} \lim_{n\to\infty} \mu\left(\left(s-\frac{1}{n}, s\right]\right) = \lim_{n\to\infty}\int_{s-\frac{1}{n}}^s \rho = 0.$$

▶**問 1.3.1** 以下を示せ.

i) $f : (0,\infty) \to [0,\infty)$ が連続かつ任意の $s, t > 0$ に対し $f(s+t) = f(s)f(t)$ を満たすなら, 任意の $t > 0$ に対し $f(t) = f(1)^t$.

ii) $(0,\infty)$ 上の連続分布 μ で, (1.19) を満たすものは指数分布に限る.

▶**問 1.3.2** $x > 0$, $n = 0, 1, 2, \ldots$ とする. 以下を示せ.

i) $I_n(x) \overset{\text{def}}{=} \int_x^\infty y^{-2n}e^{-y^2/2}dy = x^{-2n-1}e^{-x^2/2} - (2n+1)I_{n+1}(x)$.

ii) $(x^{-1}-x^{-3})e^{-x^2/2} \leq I_0(x) \leq x^{-1}e^{-x^2/2}$.

iii) (⋆) $a_0 = 1$, $a_n = (2n-1)(2n-3)\cdots1$, $n \geq 1$ とするとき, ii) の一般化として：

$$\sum_{j=0}^{n}(-1)^j a_j x^{-2j-1}e^{-x^2/2}\begin{cases}\geq I_0(x), & n = 0,2,4,\ldots, \\ \leq I_0(x), & n = 1,3,5,\ldots.\end{cases}$$

1.4 　条件つき確率

定義 1.4.1 Ω を集合, P を Ω 上の確率測度, B は $P(B) > 0$ なる事象とする. このとき, 事象 A に対し

$$P(A \mid B) = \frac{P(A \cap B)}{P(B)} \tag{1.25}$$

を, 事象 B による A の**条件つき確率**と呼ぶ.

(1.25) は直感的には,「B が起こる前提で A が起こる確率」を表す.

例 1.4.2（当たり確率の条件づけ[14]） あなたがテレビのショーに出演し, 次のようなゲームに参加するとする. 外見で区別できない箱 $1,\ldots,N$ ($N \geq 3$) の一つに賞金百万円(当たり), 残りの箱にはたわし（外れ）が入っていて, あなたは, 一つ選んだ箱の中身を記念品として持ち帰ることができる. もちろん, あなたはどの箱が当たりかは知らないが, 司会者はそれを知っている. 今, あなたは箱 i を選ぶとする.

この段階で当たりの確率は $\frac{1}{N}$.

次に司会者がもったいぶりつつ i 以外の箱を開けると, そこにはたわしが入っている, というのが番組の「お約束」である.（司会者は箱 i と当たりの箱は決して開けない).

さて, この段階で当たりの確率は？

司会者の開けた箱を j とすると, 真偽は別として次の二つの考え方がある.

---

[14]「三囚人のディレンマ」として, 多くの教科書でとり上げられる有名な例は, 本質的には例 1.4.2 で $N = 3$ としたもの.

a) 外れの箱が一つ減ったから，当たりの確率は $\frac{1}{N}$ から $\frac{1}{N-1}$ に上がった．

b) 司会者は外れの箱しか開けないから，それがどの箱であっても，当たりの確率 $\frac{1}{N}$ に影響しない．

直感的には b) に説得力があるが，これをきちんと検証しよう．

例えば箱 1 が当たりとし，あなたも，司会者も，可能な箱を等確率で選ぶとする．このとき，あなたが最初に i を選ぶ事象 A_i，およびその後司会者が $j \in \{2,\dots,N\}\setminus\{i\}$ を選ぶ事象 B_j とする．b) を示すには $P(A_1 \mid B_j) = \frac{1}{N}$ を言えばよいが，それは以下の段階を経てわかる．

$$P(A_i) = \frac{1}{N}, \quad P(B_j \mid A_i) = \begin{cases} \frac{1}{N-1}, & i=1 \text{ なら}, \\ \frac{1}{N-2}, & i \neq 1 \text{ なら}. \end{cases} \tag{1.26}$$

$$P(B_j \cap A_i) \overset{(1.25)}{=} P(B_j \mid A_i)P(A_i) \overset{(1.26)}{=} \begin{cases} \frac{1}{(N-1)N}, & i=1 \text{ なら}, \\ \frac{1}{(N-2)N}. & i \neq 1 \text{ なら}. \end{cases} \tag{1.27}$$

$$P(B_j) \overset{(1.2)}{=} P(B_j \cap A_1) + \sum_{\substack{2 \le i \le N \\ i \neq j}} P(B_j \cap A_i)$$
$$\overset{(1.27)}{=} \frac{1}{(N-1)N} + (N-2)\cdot\frac{1}{(N-2)N} = \frac{1}{N-1}. \tag{1.28}$$

$$P(A_1 \mid B_j) \overset{(1.25)}{=} \frac{P(B_j \cap A_1)}{P(B_j)} \overset{(1.27),(1.28)}{=} \frac{1}{N}.$$

▮問 **1.4.1**（モンティー・ホールの問題）　例 1.4.2 のゲームに次のような続きがある [15]．司会者が箱 j を開けた後，あなたは次の一方を選べる．

c) あくまで最初に選んだ箱 i を最終的選択とする．

d) 改めて i,j 以外から箱 $k = 1,\dots,N$ を選び，箱 k を最終的選択とする．
両者で当たりの確率は異なるか？

---

[15] 米国の人気テレビ番組のゲームで，実際におこなわれていた ($N=3$)．問 1.4.1 の確率が違うかどうかが，当時話題となった．モンティー・ホール (Monty Hall) は番組の司会者名．

1.5   確率変数

1.2 節で述べた，分布の例でわかるように，分布の背後には「サイコロの目」，「賭けの勝ち負け」，「事故の件数」，「待ち時間」など確率的に変動する量が存在する．確率論ではそうした量を「確率変数」と呼ぶ．ここではそれらの定義を，離散確率変数と連続確率変数の場合に分けて与える．

- この節を通じ Ω を集合，P は Ω 上の確率測度（定義 1.1.1）とする．

定義 1.5.1（確率変数とその分布） S を集合，$X : \Omega \to S$ とする．

▶ $S = \{s_1, s_2, \ldots\}$（無限個でもよい）と書ける場合，X を**離散確率変数**と呼ぶ．このとき [16]，

$$\mu(A) \overset{\text{def}}{=} P(X \in A), \quad A \subset S \tag{1.29}$$

により S 上の離散分布（定義 1.2.1）μ が定まる．μ を X の**分布**と呼ぶ．

▶ $S \subset \mathbb{R}^d$ は区間かつ，S 上に密度 ρ の連続分布（定義 1.3.1）μ が存在し，すべての区間 $I \subset S$ に対し

$$P(X \in I) = \mu(I) = \int_I \rho \tag{1.30}$$

となるとき，X を**連続確率変数**，μ を X の**分布**と呼ぶ．

▶ 離散・連続確率変数を総称し**確率変数**と呼ぶ．

▶ S 上の分布 μ が確率変数 X の分布であるとき，「X は分布 μ に従う」とも言う．特に μ に「○○分布」という名前がついていれば，「X は○○分布する」と言うことも多い．

注 1 定義 1.1.1 では便宜上，「確率（測度）」と「分布」を同義語としたが，実は次のように微妙に使い分ける．集合 Ω 上に確率測度 P が定まっているとする．確率変

---

[16] (1.29) 右辺は正確には $P(\{\omega \in \Omega \,;\, X(\omega) \in A\})$ だが，(1.29) 右辺のように略記するのが一般的．

数 $X : \Omega \to S$ に対し，その分布として定まる S 上の 確率測度 μ を特に「分布」と呼ぶ．これに対し，「確率測度」という言葉は P, μ 両方に使う．

注 2 確率変数の「分布を求める」とは，等式 (1.29) または (1.30) を示すことである．特に $d = 1$, $S = (a,b)$ $(-\infty \le a < b \le \infty)$ の場合，確率変数 X が密度 $\rho : S \to [0,\infty)$ をもつ連続確率変数であること (すなわち (1.30)) を示すには，すべての $s \in S$ に対し

$$P(X \le s) = \int_a^s \rho \tag{1.31}$$

であればよい(補題 1.3.7)．これを用いると，分布の計算 (例えば問 1.5.1–問 1.5.5) は少し簡単になる．

例 1.5.2 (**離散確率変数の例**) ● サイコロを振って出る目のように，$S = \{1,2,\ldots,N\}$ の各値を等確率でとる確率変数 X は離散一様分布する(例 1.2.2)：

$$X : \Omega \to \{1,\ldots,N\}, \quad P(X = n) = 1/N \ (n = 1,\ldots,N).$$

● ある賭けでの勝ち，負けを $X = 1, 0$ で表せば，確率変数 X は $(1,p)$-二項分布する(例 1.2.3)：

$$X : \Omega \to \{0,1\}, \quad P(X = 1) = p, \ P(X = 0) = 1 - p.$$

また，事象 $A \subset \Omega$ に対し $X \overset{\text{def}}{=} \mathbf{1}_A$ ((0.1) 参照) は $(1,p)$-二項分布する，ただし，$p = P(A)$．

● ある大都市で一日に起こる交通事故数の理論値 X はポアソン分布する確率変数である(例 1.2.4)：

$$X : \Omega \to \mathbb{N}, \quad P(X = n) = \frac{e^{-c}c^n}{n!} \ (n \in \mathbb{N}).$$

ここで，パラメーター c は事故の平均件数を表す(正確には問 2.1.1 参照)．

例 1.5.3 (**連続確率変数の例**) ● 机の上でペンを勢いよく回転させて止まるまで待ったとき，ペンの先が向いている角度を X° とすると，確率変数 X は

区間 $(0, 360)$ 上に一様分布する：

$$X : \Omega \to (0, 360), \quad P(X \in I) = \frac{|I|}{360}.$$

ただし，$I \subset (0, 360)$ は任意の区間，$|I|$ はその長さである．

● 例 1.3.3 で述べた若者に恋人ができるまでの待ち時間 X は r-指数分布する（中立説を仮定する場合）：

$$X : \Omega \to (0, \infty), \quad P(X \in I) = r \int_I e^{-rx} dx.$$

ただし，$I \subset (0, \infty)$ は任意の区間，$1/r = $「平均待ち時間」（問 2.1.2 参照）．

● 多くの調査対象から無作為に選んだ人の身長 X は近似的に正規分布（例 1.3.4）する確率変数と見なすことができる：

$$X : \Omega \to (-\infty, \infty), \quad P(X \in I) = \frac{1}{\sqrt{2\pi v}} \int_I \exp\left(-\frac{(x-m)^2}{2v}\right) dx.$$

ただし，$I \subset \mathbb{R}$ は任意の区間．一方，体重は $|X|^p \, (1 < p < 3)$ で表せると言われ，p の具体的な値には諸説ある．

定義 1.5.4 ▶ 確率変数 X が分布 μ に従うことを次の記号で表す：

$$X \approx \mu. \tag{1.32}$$

また，確率変数 X, Y が同じ分布に従うことを次の記号で表す：

$$X \approx Y. \tag{1.33}$$

注　確率変数 X, Y について

$$X = Y \quad \overset{\Longrightarrow}{\underset{\Longleftarrow}{}} \quad X \approx Y. \tag{1.34}$$

$\Longrightarrow$ は明らか．一方，例えば μ が $\{1, \ldots, N\}$ 上の離散一様分布，$X \approx \mu$ なら $Y \overset{\text{def}}{=} N + 1 - X \approx \mu$，したがって $X \approx Y$ だが，$X \neq Y$．

例 1.5.5 確率変数 $X \approx N(m, v)$ (例 1.3.4) に対し $a + bX \approx N(a + bm, b^2 v)$ $(a, b \in \mathbb{R}, b \neq 0)$. 特に $(X - m)/\sqrt{v} \approx N(0, 1)$.

証明 任意の $s \in \mathbb{R}$ に対し次を示せばよい（補題 1.3.7）：

1) $\displaystyle P(a + bX \leq s) = \frac{1}{\sqrt{2\pi v b^2}} \int_{-\infty}^{s} \exp\left(-\frac{(y - a - bm)^2}{2v b^2}\right) dy.$

$b > 0$ の場合：

$$\text{1) の左辺} \;=\; P\left(X \leq \frac{s - a}{b}\right)$$

$$\overset{(1.30)}{=} \frac{1}{\sqrt{2\pi v}} \int_{-\infty}^{\frac{s-a}{b}} \exp\left(-\frac{(x - m)^2}{2v}\right) dx \overset{x = \frac{y-a}{b}}{=} \text{1) の右辺}.$$

$b < 0$ の場合：

$$\text{1) の左辺} \;=\; P\left(X \geq \frac{a - s}{-b}\right)$$

$$\overset{(1.30)}{=} \frac{1}{\sqrt{2\pi v}} \int_{\frac{a-s}{-b}}^{\infty} \exp\left(-\frac{(x - m)^2}{2v}\right) dx \overset{x = \frac{a-y}{-b}}{=} \text{1) の右辺}.$$

$$\backslash (\^{}\square\^{})/$$

▶**問 1.5.1** $c > 0$ とする. 以下を示せ.

i) $S = (0, \infty)$ または $S = \mathbb{R}$, $X : \Omega \to S$ は密度 ρ をもつ連続確率変数とするとき, X/c の密度は $c\rho(cx)$.

ii) 確率変数 X が r-指数分布するなら, X/c は cr-指数分布する.

▶**問 1.5.2** 確率変数 U が $(0, 1)$ 上に一様分布するとするとき, 以下を示せ.

i) $0 \leq p \leq 1$ に対し $X = \mathbf{1}_{\{U \leq p\}}$ ((0.1) 参照) は $(1, p)$-二項分布 (例 1.2.3) する.

ii) $X = (1/r) \log(1/U)$ は r-指数分布 (例 1.3.3) する. なお, この逆については問 1.5.3 参照.

▶**問 1.5.3**　確率変数 X が r-指数分布するなら，$U = e^{-rX}$ は $(0,1)$ 上に一様分布することを示せ．なお，この逆については問 1.5.2 参照．

▶**問 1.5.4**　確率変数 $X \approx N(m, v)$ に対し，e^X が $(0, \infty)$ 上に連続分布することを示し，密度を求めよ．なお，この分布は**対数正規分布**と呼ばれ，世帯年収の分布はこの分布に従うと言われる．

▶**問 1.5.5**　2 次元の確率変数 $X = (X_1, X_2)$ が 2 次元正規分布（例 1.3.6）するとき，その平方和 $X_1^2 + X_2^2$ は $\frac{1}{2v}$-指数分布することを示せ．
（ヒント： 極座標変換.）

▶**問 1.5.6**　A, B は d 次正則実行列，$\mathbb{R}^d$-値確率変数 X は d 次元標準正規分布するとする．以下を示せ．

i) 確率変数 AX は次の密度で連続分布する：

$$\rho(x) = \frac{1}{(2\pi)^{d/2}|\det A|} \exp\left(-\frac{1}{2}|A^{-1}x|^2 \right). \tag{1.35}$$

特に A が直交行列なら，AX も d 次元標準正規分布する．

ii) $A\,{}^t A = B\,{}^t B$（(0.15) 参照）なら $AX \approx BX$.

2

平均と分散

2.1 平　　均

　平均寿命や，テストの平均点など「平均」という言葉は日常的に使われる．それは，「寿命」や「テストの点」など，ばらつきのある量の仮想的な均一化により得られる値だが，統計上の目安となる重要な量である．例えば，長い列に並んでいるとき，どれだけ待たされるか正確にはわからない．そのとき「只今の平均待ち時間は … 分です」という情報があれば，列に並び続けるか，あるいは諦めて出直すかの判断基準になる．

　この節では，「平均」を数学的に定義し，その基本的性質と具体例を述べる．

- この節を通じ Ω は集合，P は Ω 上の確率測度（定義 1.1.1）とする．

　まず，離散確率変数の平均を，「確率によって重みづけられた足し算」として定義する．

定義 2.1.1（離散確率変数の平均） X は離散確率変数(定義 1.5.1)とする，即ち
▶ $S = \{s_1, s_2, \ldots\}$（無限個でもよい），$X : \Omega \to S$.
また $\rho(s) = P(X = s)$ $(s \in S)$, $f : S \to \mathbb{R}$ を関数とする．このとき，以下の各場合に応じ $f(X)$ の**平均** $Ef(X)$ を定める．

▶ $S = \{s_1, \ldots, s_n\}$ $(n < \infty)$ なら

$$Ef(X) \stackrel{\mathrm{def}}{=} \sum_{k=1}^{n} f(s_k)\rho(s_k). \tag{2.1}$$

▶ $S = \{s_1, s_2, \ldots\}$（無限個），$f : S \to [0, \infty)$ なら

$$Ef(X) \stackrel{\text{def}}{=} \sum_{k=1}^{\infty} f(s_k)\rho(s_k). \tag{2.2}$$

したがって，この級数が発散すれば $Ef(X) = \infty$ である.

▶ $S = \{s_1, s_2, \ldots\}$（無限個），$f : S \to \mathbb{R}$，かつ

$$E|f(X)| \stackrel{(2.2)}{=} \sum_{k=1}^{\infty} |f(s_k)|\rho(s_k) < \infty$$

なら，(2.2) の右辺は，f が負の値をとり得る場合も含め収束する [17]．そこで この場合も (2.2) で $Ef(X)$ を定義する.

注 1　(2.1), (2.2) の右辺を統一的に，$\sum_{s \in S} f(s)\rho(s)$ と表すこともある.

注 2　定義 2.1.1 の意味での「平均」を**期待値**と呼ぶこともある．また，$Ef(X)$ を，

$$E(f(X)), \quad E[f(X)]$$

と，適宜カッコをつけて書くこともある．以上は，後述の定義 2.1.4 についても同様 とする.

例 2.1.2　記号は定義 2.1.1 のとおりとし，具体例を述べよう.

- $X \approx$ 離散一様分布（例 1.2.2: $S = \{1, \ldots, N\}$, $\rho(s) = 1/N$）なら (2.1) は，

$$Ef(X) = \sum_{s=1}^{N} f(s) \underbrace{\rho(s)}_{=1/N} = \frac{1}{N} \sum_{s=1}^{N} f(s). \tag{2.3}$$

- $X \approx (1, p)$-二項分布（例 1.2.3: $S = \{0, 1\}$, $\rho(0) = 1 - p$, $\rho(1) = p$）なら (2.1) は，

$$Ef(X) = \sum_{s=0,1} f(s)\rho(s) = f(0)(1 - p) + f(1)p. \tag{2.4}$$

(2.4) で $f(s) = s$ とすれば，

$$EX = p, \quad \text{特に，事象 } A \subset \Omega \text{ に対し } E\mathbf{1}_A = P(A). \tag{2.5}$$

---

[17] 一般に実数列 a_k に対し $\sum_{k=1}^{\infty} |a_k| < \infty$ なら級数 $\sum_{k=1}^{\infty} a_k$ は収束し，このとき特に**絶対収束**すると言う．絶対収束する級数は，項を並べ替えて足しても同じ値に収束する.

- $X \approx c$-ポアソン分布 (例 1.2.4: $S = \mathbb{N}$, $\rho(n) = e^{-c}c^n/n!$) なら (2.2) は,

$$Ef(X) = \sum_{n=0}^{\infty} f(n)\rho(n) = \sum_{n=0}^{\infty} f(n)\frac{e^{-c}c^n}{n!}. \tag{2.6}$$

(2.6) で特に $f(n) = n$ として,

$$EX \overset{(2.6)}{=} e^{-c}\sum_{n=0}^{\infty} n\frac{c^n}{n!} = ce^{-c}\sum_{n=1}^{\infty} \frac{c^{n-1}}{(n-1)!} = c. \tag{2.7}$$

例 2.1.3（FIFA ワールドカップ：その1） 例 1.2.4 で述べたように，サッカーの得点はポアソン分布すると考えてよい．例えば，2010 年 FIFA ワールドカップ 1 次リーグでも，得点（1 チーム 1 試合あたり）は，ほぼポアソン分布している．これを (2.7) を応用して検証する．1 次リーグでは出場 32 チームが 3 回ずつ，延べ 96 チームが試合をし，1 チーム 1 試合あたりの最高得点は 7 だった（第 2 戦，ポルトガル 7–0 北朝鮮）．さらに得点 j の度数：

$$T_j \overset{\text{def}}{=} 1 \text{試合に } j \text{ 得点したチームの延べ数}$$

は次の表の 1 行目のとおりだった．T_j の値より全試合の合計得点は

$$\sum_{j=0}^{7} jT_j = 0\cdot 35 + 1\cdot 35 + 2\cdot 18 + 3\cdot 5 + 4\cdot 2 + 5\cdot 0 + 6\cdot 0 + 7\cdot 1$$
$$= 101.$$

したがって 1 チーム 1 試合あたりの平均得点は 101/96．一方，(2.7) より，c-ポアソン分布する確率変数の平均は c だから，理論上，1 チーム 1 試合あた

表 3: 2010 年ワールドカップ 1 次リーグ (得点 j の度数 T_j vs 期待度数 $96\rho(j)$)

得点 j	0	1	2	3	4	5	6	7	計
T_j	35	35	18	5	2	0	0	1	96
$96\rho(j)$	33.52	35.27	18.55	6.51	1.71	.36	.06	.01	95.99
$\rho(j)$	.349209	.367397	.193266	.067777	.017827	.003751	.000658	.000099	.999984

りの得点は，$c = 101/96$ で c-ポアソン分布する．すると，延べの全チーム数 96 を $\rho(j) = \frac{e^{-c}c^j}{j!}$ の比率で分配した $96\rho(j)$ が T_j に対する理論値（期待度数）となる．表と図からわかるように，$96\rho(j)$（図の折れ線）は T_j（図の棒グラフ）とよく適合している．例 7.2.3 では，上記適合度を統計学の視点から再検証する．

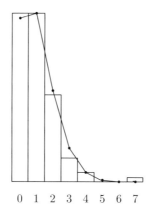

0 1 2 3 4 5 6 7

次に，連続確率変数の平均を，「密度によって重みづけられた積分」として定義する．

定義 2.1.4（連続確率変数の平均） X は連続確率変数（定義 1.5.1）とする，すなわち

- $S \subset \mathbb{R}^d$ は区間，$\rho : S \to [0, \infty)$ は連続，$\int_S \rho = 1$,

- $X : \Omega \to S$，すべての区間 $I \subset S$ に対し $P(X \in I) = \int_I \rho$.

また，$f : S \to \mathbb{R}$ は連続とする．このとき，以下の各場合に応じ，$f(X)$ の平均 $Ef(X)$ を定義する．

▶ $f : S \to [0, \infty)$ なら

$$Ef(X) \overset{\text{def}}{=} \int_S f\rho. \tag{2.8}$$

区間 S または関数 $f\rho$ が非有界なら (2.8) の右辺は広義積分と解釈する．その場合，広義積分 (2.8) が発散すれば $Ef(X) = \infty$ である．

▶ $f : S \to \mathbb{R}$ かつ

$$E|f(X)| \overset{(2.8)}{=} \int_S |f|\rho < \infty$$

なら (2.8) 右辺の積分は f が負の値をとり得る場合を含め絶対収束する [18]．そこで，この場合も (2.8) で $Ef(X)$ を定義する．

例 2.1.5 記号は定義 2.1.4 のとおりとし，具体例を述べよう．

• $X \approx (a,b)$ 上の一様分布（例 1.3.2: $S = (a,b)$, $\rho(x) = 1/(b-a)$）なら (2.8) は

$$Ef(X) = \int_a^b f\rho = \frac{1}{b-a}\int_a^b f. \tag{2.9}$$

• $X \approx r$-指数分布（例 1.3.3: $S = (0,\infty)$, $\rho(x) = re^{-rx}$）なら (2.8) は，

$$Ef(X) = \int_0^\infty f\rho = r\int_0^\infty f(x)e^{-rx}dx. \tag{2.10}$$

• $X \approx N(m,v)$（例 1.3.4: $S = \mathbb{R}$, $\rho(x) = \frac{1}{\sqrt{2\pi v}}\exp\left(-\frac{(x-m)^2}{2v}\right)$）なら (2.8) は

$$Ef(X) = \int_{\mathbb{R}} f\rho = \frac{1}{\sqrt{2\pi v}}\int_{\mathbb{R}} f(x)\exp\left(-\frac{(x-m)^2}{2v}\right)dx. \tag{2.11}$$

特に (2.11) で $f(x) = x$ のとき，

$$EX = m. \tag{2.12}$$

これを示す．(2.11) では $\rho_0(x) \overset{\text{def}}{=} \frac{1}{\sqrt{2\pi v}}\exp\left(-\frac{x^2}{2v}\right)$ に対し $\rho(x) = \rho_0(x-m)$ だが，より一般に，密度 ρ が，次の性質を満たす関数 ρ_0 を用い，$\rho(x) = \rho_0(x-m)$ と表せるとする：

$$\int_{\mathbb{R}} |x|\rho_0(x)dx < \infty, \quad \int_{\mathbb{R}} x\rho_0(x)dx = 0.$$

このとき，

---

[18] 一般に $g : S \to \mathbb{R}$ が連続かつ $\int_S |g| < \infty$ なら（広義）積分 $\int_S g$ は収束し，このとき特に**絶対収束**すると言う．

1) $\displaystyle\int_{\mathbb{R}}(x-m)\rho(x)dx \overset{平行移動}{=} \int_{\mathbb{R}} x\rho_0(x)dx = 0.$

したがって $EX \overset{(2.8)}{=} \displaystyle\int_{\mathbb{R}} x\rho(x)dx \overset{x=m+(x-m)}{=} m + \int_{\mathbb{R}}(x-m)\rho(x)dx \overset{1)}{=} m.$

定義 2.1.6 $1 \leq p < \infty$ とする. 確率変数 $X : \Omega \to \mathbb{R}$ であり $E[|X|^p] < \infty$ を満たすもの全体を $L^p(P)$ と記す. $L^1(P)$ の元を**可積分確率変数**と呼ぶ.

命題 2.1.7(平均の性質) $X, Y \in L^1(P)$, $a, b \in \mathbb{R}$, $c > 0$ とする. このとき,

$$E(a+bX) = a + bEX, \tag{2.13}$$

$$X + Y \in L^1(P),\ E(X+Y) = EX + EY, \tag{2.14}$$

$$X \leq Y \ \text{なら}\ EX \leq EY \ (\text{単調性}), \tag{2.15}$$

$$X \geq 0 \ \text{なら}\ P(X \geq c) \leq \frac{EX}{c} \quad (\text{チェビシェフの不等式}). \tag{2.16}$$

上記 (2.13)–(2.14) を平均の**線形性**と呼ぶ.

証明 技術的詳細を簡略化するため $S \subset \mathbb{R}$ が有限集合, $X, Y : \Omega \to S$ という場合に示す. より一般の場合も考え方は同じである(連続確率変数の場合は $\sum$ を $\int$ に置き換える). $s, t \in S$ に対し

$$\rho_X(s) = P(X=s),\quad \rho_Y(t) = P(Y=t),\quad \rho_{X,Y}(s,t) = P(X=s, Y=t)$$

とする.

(2.13): $\displaystyle (\text{左辺}) = \sum_{s \in S}(a+bs)\rho_X(s) = a\underbrace{\sum_{s \in S}\rho_X(s)}_{=1} + b\underbrace{\sum_{s \in S}s\rho_X(s)}_{\overset{(2.1)}{=}EX} = (\text{右辺}).$

(2.14): $E(X+Y)$ を計算するため, 確率変数 (X, Y), および関数 $f(s,t) = s+t$ に対し (2.1) を適用すると,

1) $\displaystyle E(X+Y) \overset{(2.1)}{=} \sum_{s,t}(s+t)\rho_{X,Y}(s,t) = \sum_{s,t}s\rho_{X,Y}(s,t) + \sum_{s,t}t\rho_{X,Y}(s,t).$

ところが，任意の $s \in S$ に対し

2)　　$\displaystyle\sum_t \rho_{X,Y}(s,t) = P(X=s) = \rho_X(s).$

よって

3)　　$\displaystyle\sum_{s,t} s\rho_{X,Y}(s,t) = \sum_s s \sum_t \rho_{X,Y}(s,t) \overset{2)}{=} \sum_s s\rho_X(s) \overset{(2.1)}{=} EX.$

同様に

4)　　$\displaystyle\sum_{s,t} t\rho_{X,Y}(s,t) = EY.$

1), 3), 4) より (2.14) を得る.

(2.15)：$X \le Y$ より

$$0 = P(X > Y) = \sum_{s>t} \rho_{X,Y}(s,t).$$

つまり，$s > t$ なら，$\rho_{X,Y}(s,t) = 0$. よって，任意の s,t に対し

5)　　$s\rho_{X,Y}(s,t) \le t\rho_{X,Y}(s,t).$

　以上から，次のようにして (2.15) がわかる：

$$EX \overset{3)}{=} \sum_{s,t} s\rho_{X,Y}(s,t) \overset{5)}{\le} \sum_{s,t} t\rho_{X,Y}(s,t) \overset{4)}{=} EY.$$

(2.16)：$X \ge c$ なら，$1 \le \frac{X}{c}$. また $X < c$ なら $0 \le \frac{X}{c}$ よって，

6)　　$\mathbf{1}_{\{X \ge c\}} \le \dfrac{X}{c}.$

したがって，　$P(X \ge c) \overset{(2.5)}{=} E\mathbf{1}_{\{X \ge c\}} \overset{6),\,(2.15)}{\le} E\left(\dfrac{X}{c}\right) \overset{(2.13)}{=} \dfrac{EX}{c}.$　　\\(^□^)/

注　(2.13)–(2.15) は，$X, Y \in L^1(P)$ の代わりに $X, Y \ge 0$ を仮定しても成立することが上と同様にして示せる(ただし，(2.13) で $b = 0$, $EX = \infty$ の場合は $bEX = 0$ とする).

例 2.1.8（期待値を「期待」できるか？）$S \subset \mathbb{R}$, X を S に値をとる可積分確率変数，$m = EX$ とする．このとき，X がとる値が，m に近いと期待できるか（正確に言うと X と m が近い確率は大きいか）？　これには，期待できる場合と，そうでない場合があり，期待値（＝平均）の意味を解釈する際に，心に留めておく必要がある．

● **期待できる例**： X が離散分布をもつなら，$\rho(s) = P(X = s)$ $(s \in S)$，また X が連続分布をもつなら，その密度を ρ とする．ポアソン分布（例 1.2.4）や，正規分布（例 1.3.4）のように $\rho : S \to [0, \infty)$ のグラフが $S \cap (-\infty, m]$ で増加，$S \cap [m, \infty)$ で減少するような山形の関数なら，X が m 付近の値をとる確率が大きい．ポアソン分布については問 1.2.1，また正規分布については例 1.3.4 の簡易正規分布表の後の説明を参照せよ．

● **期待できない例**： $X \approx (1, 1/2)$-二項分布，$Y = 1$ 億 $\times X$ とすると

$$EY = 1 \text{億} \times EX \stackrel{(2.5)}{=} 5 \text{千万}.$$

ところが，Y のとる値は 0 か 1 億だから，期待値に近い値は決してとらない．今後も「期待値を期待できない」例はいろいろな形で本書に登場する（例 4.2.4，例 5.2.4）．

‖▸ **問 2.1.1**　(2.3) の特別な場合として $EX = (N+1)/2$ を示せ．

‖▸ **問 2.1.2**　次を示せ：$EX = \begin{cases} (a+b)/2, & X \approx (a, b) \text{ 上の一様分布}, \\ 1/r, & X \approx r\text{-指数分布}. \end{cases}$

‖▸ **問 2.1.3**　X を $N(m, v)$ に従う確率変数とする．

i)　$t \in \mathbb{R}$ に対し $Ee^{tX} = \exp\left(mt + \frac{vt^2}{2}\right)$ を示せ．

ii)　世帯年収が e^X の分布に従う（問 1.5.4）と仮定し，平均年収以下の世帯数が，平均年収以上の世帯数より多いことを数学的に証明せよ [19]．

▶問 **2.1.4**　$X \in L^1(P)$ に対し $|EX| \le E|X|$ を示せ.

▶問 **2.1.5**　$X, Y \in L^p(P)$ に対し, $X + Y \in L^p(P)$ を示せ.

(ヒント：$f(x) = x^p$ は $[0, \infty)$ 上で凸関数だから, $x, y \ge 0$ に対し $\left(\frac{x+y}{2}\right)^p \le \frac{x^p + y^p}{2}$.
したがって, $(x + y)^p \le 2^{p-1}(x^p + y^p)$.)

▶問 **2.1.6**（包含・排除公式）事象 $A_1, \ldots, A_n$ に対し $A_0 = \bigcup_{j=1}^{n} A_j$, さらに $X_j = \mathbf{1}_{A_j}$ $(j = 0, 1, \ldots, n)$ とする ((0.1) 参照). このとき以下を示せ:

$$X_0 = 1 - \prod_{j=1}^{n}(1 - X_j) = \sum_{k=1}^{n}(-1)^{k-1} \sum_{1 \le i_1 < \cdots < i_k \le n} X_{i_1} \cdots X_{i_k},$$

$$P\left(\bigcup_{j=1}^{n} A_j\right) = \sum_{k=1}^{n}(-1)^{k-1} \sum_{1 \le i_1 < \cdots < i_k \le n} P(A_{i_1} \cap \cdots \cap A_{i_k}). \tag{2.17}$$

(2.17) は (1.12) ($n = 2$ の場合) の一般化であり, 包含・排除公式と呼ばれる.

2.2　分　　散

　実数値確率変数 X の分散とは,「X の値のばらつきがどの程度大きいか」を表す尺度である. 例えば切符を買うために JR の「みどりの窓口」に並んだとしよう. 自分の前に n 人の客がいて, 一人が切符を買う平均時間が m なら, 平均的には nm だけ待てば自分の番がくる. しかし, 実際にはさっさと切符を買って去る人もいれば, 窓口に延々と居座る人もいて, きちっと nm にはならない. このズレ具合 (より正確には $E[(\text{ズレ})^2]$) が分散である. 待ち時間が nm を大きく上回っていると感じるとついイライラしてしまうのが人情だ. 最近はすっかり定着した「一列（フォーク）並び」は分散を小さくするための工夫である（例 3.2.4）.

---

19 (36 ページ)「平成 22 年度国民生活基礎調査の概況」（厚生労働省）によると, 日本での平均世帯年収は 549.6 万円, 平均年収以下の世帯は全体の 61.4％を占める.

この節では，分散と，その一般化である共分散を定義し，その基本的性質と具体例を述べる．

- この節を通じ Ω を集合，P は Ω 上の確率測度（定義 1.1.1）とする．また，$L^p(P)$ $(1 \leq p < \infty)$ は定義 2.1.6 で定めたとおりとする．

分散・共分散の定義の前に次の命題を準備する．

命題 2.2.1（シュワルツの不等式）　$X, Y \in L^2(P)$ に対し

$$E|XY| \leq \sqrt{E(X^2)E(Y^2)}.$$

よって，$XY \in L^1(P)$．特に，$Y \equiv 1$ として，$L^2(P) \subset L^1(P)$．

証明　$\alpha = E(X^2)$，$\beta = E(Y^2)$，$\varepsilon > 0$ とする．相乗平均 $\leq$ 相加平均 より

$$\frac{2|XY|}{\sqrt{(\alpha + \varepsilon)(\beta + \varepsilon)}} \leq \frac{X^2}{\alpha + \varepsilon} + \frac{Y^2}{\beta + \varepsilon}.$$

上式両辺を平均して

$$\frac{2E|XY|}{\sqrt{(\alpha + \varepsilon)(\beta + \varepsilon)}} \overset{(2.14),\ (2.15)}{\leq} \frac{\alpha}{\alpha + \varepsilon} + \frac{\beta}{\beta + \varepsilon} \leq 2.$$

つまり，$E|XY| \leq \sqrt{(\alpha + \varepsilon)(\beta + \varepsilon)}$．$\varepsilon \to 0$ として結論を得る．   \\(^□^)/

定義 2.2.2（分散・共分散）

▶ $X_1, X_2, X_1 X_2 \in L^1(P)$（命題 2.2.1 より $X_1, X_2 \in L^2(P)$ ならこの仮定は満たされる），さらに $m_j = EX_j$ $(j = 1, 2)$ とするとき

$$(X_1 - m_1)(X_2 - m_2) = X_1 X_2 - m_2 X_1 - m_1 X_2 + m_1 m_2 \in L^1(P). \quad (2.18)$$

そこで

$$\mathrm{cov}(X_1, X_2) \overset{\mathrm{def}}{=} E[(X_1 - m_1)(X_2 - m_2)] \quad (2.19)$$

を X_1, X_2 の**共分散**と呼ぶ.

▶ $X \in L^2(P)$, $m = EX$ とするとき

$$\operatorname{var} X \stackrel{\text{def}}{=} \operatorname{cov}(X, X) = E[(X - m)^2] \tag{2.20}$$

を X の**分散**と呼び, $\operatorname{var}(X)$ とも記す.

注 (2.20) から読み取れるように $\operatorname{var} X$ は X の「ばらつき」, すなわち X と m のずれの尺度である.

命題 2.2.3 記号は定義 2.2.2 のとおり, $a_i, b_i \in \mathbb{R}$ $(i = 1, 2)$, $c > 0$ とすると,

$$\left.\begin{array}{ll} \operatorname{cov}(a_1 + b_1 X_1,\, a_2 + b_2 X_2) & = b_1 b_2 \operatorname{cov}(X_1, X_2), \\ \operatorname{var}(a_1 + b_1 X) & = b_1^2 \operatorname{var} X. \end{array}\right\} \tag{2.21}$$

$$\left.\begin{array}{ll} \operatorname{cov}(X_1, X_2) & = E(X_1 X_2) - m_1 m_2, \\ \operatorname{var} X & = E(X^2) - m^2 \quad (\text{分散公式}) \end{array}\right\} \tag{2.22}$$

$$P(|X - m| \geq c) \leq \frac{\operatorname{var} X}{c^2}. \tag{2.23}$$

また, $X_1, \ldots, X_n \in L^2(P)$, $S_n = \sum_{j=1}^{n} X_j$ なら

$$\operatorname{var} S_n = \sum_{i,j=1}^{n} \operatorname{cov}(X_i, X_j) \tag{2.24}$$

$$= \sum_{j=1}^{n} \operatorname{var} X_j + 2 \sum_{1 \leq i < j \leq n} \operatorname{cov}(X_i, X_j). \tag{2.25}$$

証明 (2.21): $Y_j = a_j + b_j X_j$ $(j = 1, 2)$ に対し, $EY_j \stackrel{(2.13)}{=} a_j + b_j m_j$. ゆえに

$$(Y_1 - EY_1)(Y_2 - EY_2) = b_1 b_2 (X_1 - m_1)(X_2 - m_2).$$

両辺を平均して結論を得る.

(2.22): (2.18) の両辺を平均すれば, $EX_j = m_j$ より, (2.22) を得る.

$(2.23):\qquad P(|X-m|\ge c)=P((X-m)^2\ge c^2)\overset{(2.16)}{\le}\frac{1}{c^2}\underbrace{E\left[(X-m)^2\right]}_{=\operatorname{var}X}.$

$(2.24),(2.25):\ m_j=EX_j$ とすると $ES_n\overset{(2.14)}{=}m_1+\cdots+m_n.$ よって

$$(S_n-ES_n)^2=\left(\sum_{j=1}^{n}(X_j-m_j)\right)^2=\sum_{i,j=1}^{n}(X_i-m_i)(X_j-m_j)$$

$$=\sum_{j=1}^{n}(X_j-m_j)^2+2\sum_{1\le i<j\le n}(X_i-m_i)(X_j-m_j).$$

上式を平均して (2.24), (2.25) を得る.   \\(^□^)/

注 1 $\operatorname{var}X$ は X の「ばらつき具合」の尺度であるが,「ばらつき」をより定量的に表すには,分散の平方根 $\sqrt{\operatorname{var}X}$ を用い,これを**標準偏差**と呼ぶ. 分散に比べ,標準偏差の方が定量的に正しい理由は次のとおり: $b>0$ に対し

$$\sqrt{\operatorname{var}bX}\overset{(2.21)}{=}b\sqrt{\operatorname{var}X}\quad(X \text{ を }b\text{ 倍すれば「ばらつき」も }b\text{ 倍される}).$$

注 2   (2.23) より,$\operatorname{var}X$ が小さいほど,X が平均からずれる確率も小さい.

例 2.2.4（離散確率変数の分散） X は実数値離散確率変数とする,すなわち

- $S=\{s_1,s_2,\ldots\}\subset\mathbb{R}$ (無限個でもよい), $X:\Omega\to S.$

このとき,$\rho(s)=P(X=s)\ (s\in S)$ とすると

$$X\in L^2(P)\overset{\text{定義 2.1.6}}{\Longleftrightarrow}\infty>E(X^2)\overset{(2.1),(2.2)}{=}\sum_{s\in S}s^2\rho(s).$$

$X\in L^2(P),\ m=EX$ とするとき,X の分散は次のように表示できる:

$$\operatorname{var}X\overset{(2.20)}{=}E\left[(X-m)^2\right]\overset{(2.1),(2.2)}{=}\sum_{s\in S}(s-m)^2\rho(s).\qquad(2.26)$$

また,分散公式 (2.22) を使うと次のようにも表示できる:

$$\operatorname{var}X\overset{(2.22)}{=}E(X^2)-m^2\overset{(2.1),(2.2)}{=}\sum_{s\in S}s^2\rho(s)-m^2.\qquad(2.27)$$

- $X \approx (1,p)$-二項分布のとき：$EX \overset{(2.5)}{=} p$. よって

$$\operatorname{var} X \overset{(2.27)}{=} 1^2 \cdot p + 0^2 \cdot (1-p) - p^2 = p(1-p). \tag{2.28}$$

- $X \approx c$-ポアソン分布のとき：

$$E(X^2 - X) \overset{(2.6)}{=} e^{-c} \sum_{n=0}^{\infty} n(n-1)\frac{c^n}{n!} = c^2 e^{-c} \sum_{n=2}^{\infty} \frac{c^{n-2}}{(n-2)!} = c^2.$$

一方 $EX \overset{(2.7)}{=} c$. ゆえに $E(X^2) = c^2 + c$. 以上から

$$\operatorname{var} X \overset{(2.22)}{=} E(X^2) - (EX)^2 = c^2 + c - c^2 = c. \tag{2.29}$$

例 2.2.5（連続確率変数の分散）X は実数値連続確率変数とする，すなわち

- $S \subset \mathbb{R}$ は区間，$\rho : S \to [0, \infty)$ は連続，$\int_S \rho = 1$,

- $X : \Omega \to S$, すべての区間 $I \subset S$ に対し $P(X \in I) = \int_I \rho$.

このとき

$$X \in L^2(P) \overset{\text{定義 2.1.6}}{\Longleftrightarrow} \infty > E(X^2) \overset{(2.8)}{=} \int_S x^2 \rho(x)dx.$$

$X \in L^2(P)$, $m = EX$ なら，X の分散は次のように表示できる：

$$\operatorname{var} X \overset{(2.20)}{=} E\left[(X - m)^2\right] \overset{(2.8)}{=} \int_S (x - m)^2 \rho(x)dx. \tag{2.30}$$

また，分散公式 (2.22) を使うと次のようにも表示できる：

$$\operatorname{var} X \overset{(2.22)}{=} E(X^2) - m^2 \overset{(2.8)}{=} \int_S x^2 \rho(x)dx - m^2. \tag{2.31}$$

ここで，次を示そう：

$$X \approx N(m, v) \text{ なら } \operatorname{var} X = v. \tag{2.32}$$

実際, $\frac{1}{\sqrt{2\pi v}} \int_{\mathbb{R}} \exp\left(-\frac{(x-m)^2}{2v}\right) dx = 1$ で $u = 1/v$ とおくと,

$$\int_{\mathbb{R}} \exp\left(-\frac{u(x-m)^2}{2}\right) dx = \sqrt{2\pi/u}.$$

両辺を u で微分し,

$$-\frac{1}{2} \int_{\mathbb{R}} (x-m)^2 \exp\left(-\frac{u(x-m)^2}{2}\right) dx = -\frac{1}{2}\sqrt{2\pi} u^{-3/2}.$$

これより,

$$\mathrm{var}\, X \stackrel{(2.30)}{=} \frac{1}{\sqrt{2\pi v}} \int_{\mathbb{R}} (x-m)^2 \exp\left(-\frac{(x-m)^2}{2v}\right) dx \stackrel{\text{上式で } u = 1/v}{=} v.$$

▶ 問 **2.2.1** $X \in L^2(P), c \in \mathbb{R}$ に対し $E(|X-c|^2) = (c-EX)^2 + \mathrm{var}\, X$ を示せ. 特に, 左辺は $c = EX$ のとき, 最小値 $\mathrm{var}\, X$ をとる.

▶ 問 **2.2.2** $X_1, \ldots, X_n \in L^2(P), y_1, \ldots, y_n \in \mathbb{R}$ に対し次を示せ :
$$\sum_{i,j=1}^n y_i y_j \mathrm{cov}(X_i, X_j) \geq 0.$$

▶ 問 **2.2.3** $\{1, \ldots, N\}$ 上に離散一様分布した確率変数 X に対し, $\mathrm{var}\, X = (N^2-1)/12$ を示せ. (ヒント : $\sum_{n=1}^N n^2 = N(N+1)(2N+1)/6$.)

▶ 問 **2.2.4** (⋆) $f : \mathbb{N} \to \mathbb{R}$ は任意の $c > 0$ に対し $\sum_{n \geq 0} |f(n)| \frac{c^n}{n!} < \infty$ なるものとする. c-ポアソン分布する確率変数 X に対し $\frac{d}{dc} Ef(X) = \frac{1}{c}\mathrm{cov}(X, f(X))$ を示せ.

▶ 問 **2.2.5** 次を示せ : $\mathrm{var}\, X = \begin{cases} (b-a)^2/12, & X \approx (a,b) \text{ 上の一様分布}, \\ 1/r^2, & X \approx r\text{-指数分布}. \end{cases}$

3

独立確率変数

3.1 独 立 性

　二つの机（机 1, 机 2）の上でそれぞれ別々に硬貨を投げ, 机 $i (= 1, 2)$ 上の硬貨が表を向くか, 裏を向くかをそれぞれ $X_i = 1, 0$ と表すことにする. このとき, 一方の硬貨の表, 裏は他方に影響しないので, 任意の $s_1, s_2 \in \{0, 1\}$ に対し

$$P(X_1 = s_1 \,|\, X_2 = s_2) = \frac{1}{2} = P(X_1 = s_1)$$

（定義 1.4.1 参照）. したがって

$$P(X_1 = s_1, X_2 = s_2) = P(X_1 = s_1)P(X_2 = s_2). \tag{3.1}$$

以下, (3.1) を一般化し, 確率変数の独立性を定義する.

- この節を通じ Ω は集合, P は Ω 上の確率測度（定義 1.1.1）とする.

まず離散確率変数（定義 1.5.1）の独立性を定義する.

定義 3.1.1（独立な離散確率変数）

▶ 離散確率変数 $X_j : \Omega \to S_j \ (j = 1, \ldots, n)$ が次の条件を満たすとき, これらは**独立**であると言う: 任意の $s_j \in S_j \ (j = 1, \ldots, n)$ に対し

$$P\left(\bigcap_{j=1}^{n} \{X_j = s_j\} \right) = \prod_{j=1}^{n} P(X_j = s_j). \tag{3.2}$$

注　離散確率変数 $X_1,\ldots,X_n$ が独立なら，任意の $A_j \subset S_j$ $(j=1,\ldots,n)$ に対し

$$P\left(\bigcap_{j=1}^{n}\{X_j \in A_j\}\right) = \prod_{j=1}^{n} P(X_j \in A_j). \tag{3.3}$$

実際，(3.2) の両辺を $s_1 \in A_1,\ldots,s_n \in A_n$ について和をとれば (3.3) を得る．

例 3.1.2（連続した賭け） 確率変数 $X_1,\ldots,X_n$ のそれぞれが $(1,p)$-二項分布（例 1.2.3）するとする．このとき，

$$(3.2) \iff P\left(\bigcap_{j=1}^{n}\{X_j=s_j\}\right) = p^{s_1+\cdots+s_n}(1-p)^{n-(s_1+\cdots+s_n)}. \tag{3.4}$$

独立な場合の $X_1,\ldots,X_n$ を，しばしば n 回連続しておこなった賭けの勝敗と解釈する [20]（$X_j = 1,0$ をそれぞれ $j=1,\ldots,n$ 回目の賭けの勝敗と解釈）．

例 3.1.3（n 人の誕生日がすべて異なる確率） 閏年生まれでない n 人の誕生日が，すべて異なる確率を求めよう．n 人の誕生日 $X_1,\ldots,X_n$ は独立確率変数で $\{1,\ldots,\ell\}$ $(\ell=365)$ に一様分布すると仮定できる．このとき

1) $s_1,\ldots,s_n \in \{1,\ldots,\ell\}$ に対し $P\left(\bigcap_{j=1}^{n}\{X_j=s_j\}\right) \overset{(3.2)}{=} \dfrac{1}{\ell^n}.$

したがって，

$$p_n \overset{\mathrm{def}}{=} P(X_1,\ldots,X_n \text{ がすべて異なる}) \overset{(1.2)}{=} \sum_{\substack{s_1,\ldots,s_n=1,\\ \text{すべて異なる}}}^{\ell} P\left(\bigcap_{j=1}^{n}\{X_j=s_j\}\right)$$

$$\overset{1)}{=} \frac{1}{\ell^n}\sum_{\substack{s_1,\ldots,s_n=1,\\ \text{すべて異なる}}}^{\ell} 1 = \frac{\ell(\ell-1)\cdots(\ell-(n-1))}{\ell^n} = \prod_{j=0}^{n-1}\left(1-\frac{j}{\ell}\right).$$

---

[20] 17世紀半ば，パスカルとフェルマーは往復書簡の中で，連続した賭けについてさまざまな確率の問題を論じた．当時は，確率の公理も確率変数の概念もなかったが，彼らの議論は本質的に (3.4) に基づいていた．確率が数学の対象となったのは，歴史上これが最初と言われている．問 3.1.3 は，手紙の中で彼らが実際に論じた問題のひとつ．

$n = 22,\ 23,\ 30,\ 40,\ 50$ に対し [21], $p_n \stackrel{約}{=} 0.52,\ 0.49,\ 0.29,\ 0.11,\ 0.03$. したがっ て，23 人の誕生日がすべて異なる可能性は半分未満，50 人なら，その可能性 は極めて小さい.

次に連続確率変数 (定義 1.5.1) の独立性を定義する.

定義 3.1.4 (独立な連続確率変数) 連続確率変数 $X_j : \Omega \to S_j \subset \mathbb{R}$ $(j = 1, \ldots, n)$ が次の条件を満たすとき，これらは **独立** であると言う： 任意の区間 $I_j \subset S_j$ $(j = 1, \ldots, n)$ に対し

$$P\left(\bigcap_{j=1}^{n} \{X_j \in I_j\} \right) = \prod_{j=1}^{n} P(X_j \in I_j). \tag{3.5}$$

X_j の密度を ρ_j とする. $(X_1, \ldots, X_n) : \Omega \to S_1 \times \cdots \times S_n \subset \mathbb{R}^n$, $I = I_1 \times \cdots \times I_n$ とし (3.5) を書き直すと，

$$P((X_1, \ldots, X_n) \in I) = \int_I \rho_1(x_1) \cdots \rho_n(x_n) dx_1 \cdots dx_n \tag{3.6}$$

となる. つまり，

$X_1, \ldots, X_n$ が独立

$\iff$ $(X_1, \ldots, X_n)$ が密度 $\rho_1(x_1) \cdots \rho_n(x_n)$ をもつ連続確率変数. (3.7)

注 1 定義 3.1.4 では簡単のため，$S_j \subset \mathbb{R}$ としたが，S_j が多次元の場合も，全く同様に $X_1, \ldots, X_n$ の独立性を定義できる(定義中の I_j を多次元区間と読み替えればよい). さらに $X_1, \ldots, X_n$ が独立なとき，(3.6) は I を区間以外のより一般な集合に置き換えても正しく，今後そうした一般的な形で応用することもある(例えば補題 4.1.3, 命題 4.3.5 の証明).

注 2 $X_1, \ldots, X_n$ の中に離散と連続確率変数が混在する場合の独立性も定義できる. 例えば X_1 が離散，X_2 が連続とする場合，X_1, X_2 が独立とは，すべての $s_1 \in S_1$, すべての区間 $I_2 \subset S_2$ に対し，次が成立することと定める：

---

[21] 電卓で計算する場合，漸化式 $p_{n+1} = \frac{\ell-n}{\ell} p_n$ を用いるとよい. [Dur1, p.9] に詳しい数表 もある.

$$P(X_1 = s_1, X_2 \in I_2) = P(X_1 = s_1)P(X_2 \in I_2).$$

例 3.1.5 $N(0,v)$ の密度 $\rho(x) = (2\pi v)^{-1/2}\exp\left(-\frac{x^2}{2v}\right)$ に対し，d 次元正規分布（例 1.3.6）の密度は

$$(2\pi v)^{-d/2}\exp\left(-\frac{x_1^2 + \cdots + x_d^2}{2v}\right) = \rho(x_1)\cdots\rho(x_d).$$

したがって (3.7) より，d 次元確率変数 $X = (X_1,\ldots,X_d)$ に対し

$$X \text{ が } d \text{ 次元正規分布をもつ} \iff \text{各座標が独立かつ} \approx N(0,v). \quad (3.8)$$

今後よく使われる用語を導入しよう．

定義 3.1.6 $\{X_j\}_{j\in J}$ を確率変数の族とする．ここで，添字の集合 J は有限集合でも無限集合でもよい．また各 X_j の分布は離散でも連続でもよい．

▶ 任意の有限部分集合 $K \subset J$ に対し $\{X_j\}_{j\in K}$ が独立なら $\{X_j\}_{j\in J}$ は**独立**であると言う．

▶ $\{X_j\}_{j\in J}$ が独立かつ同じ分布をもつとき $\{X_j\}_{j\in J}$ を **iid** と呼ぶ[22]．

補足： 事象の独立性（定義 3.1.7）は，確率変数の独立性と共に基本的概念だが，本書では用いない．そこで，これについては以下で，主に問の形で紹介するに留める．

定義 3.1.7 (⋆) 事象 $A_1,\ldots,A_n \subset \Omega$ が次の条件を満たすとき，これらは**独立**であると言う：

$$\text{任意の } J \subset \{1,\ldots,n\} \text{ に対し} \quad P\left(\bigcap_{j\in J} A_j\right) = \prod_{j\in J} P(A_j). \quad (3.9)$$

▶**問 3.1.1** 離散確率変数 $X_1,\ldots,X_n$ が独立なら，任意の $J \subset \{1,\ldots,n\}$ に対し $\{X_j\}_{j\in J}$ は独立であることを示せ．

---

[22] independent and identically distributed の略．

▶問 **3.1.2** 記号は定義 3.1.1 のとおり，さらに μ_j を S_j 上の分布とする $(j = 1, \ldots, n)$. 以下の条件について a) ⇔ b) を示せ.

a) 任意の $s_j \in S_j$ $(j = 1, \ldots, n)$ に対し $P\left(\bigcap_{j=1}^{n}\{X_j = s_j\}\right) = \prod_{j=1}^{n}\mu_j(\{s_j\})$.

b) $X_1, \ldots, X_n$ は独立かつ $X_j \approx \mu_j$ $(j = 1, \ldots, n)$.

▶問 **3.1.3** i) サイコロを 4 回振る. 6 の目が少なくとも 1 回出る，出ない，どちらに賭けるのがよいか？

ii) 二つのサイコロを同時に 24 回振る. 6, 6 のぞろ目が少なくとも一度ある，ない，どちらに賭けるのがよいか？ ii) には電卓使用を勧める.

▶問 **3.1.4** $n, k_0, \ldots, k_n \in \mathbb{N}$, $n \geq 1$, $k_1 + \cdots + k_n = nk_0$ とする. 以下を示せ.

i) $k_1! \cdots k_n! \geq (k_0!)^n$.

ii) c-ポアソン分布する独立確率変数 $X_1, \ldots, X_n$ に対し
$$P(X_1 = k_1, \ldots, X_n = k_n) \leq P(X_1 = \cdots = X_n = k_0).$$

▶問 **3.1.5** $S = (a, b)$ $(-\infty \leq a < b \leq \infty)$ とする. 連続確率変数 $X_j : \Omega \to S$ $(j = 1, 2)$ が独立，かつ密度 ρ_j をもつとき，$X_3 \overset{\text{def}}{=} \max\{X_1, X_2\}$, $X_4 \overset{\text{def}}{=} \min\{X_1, X_2\}$ はそれぞれ次の密度をもつ連続確率変数であることを示せ：
$$\rho_3(x) = \rho_1(x)\int_a^x \rho_2 + \rho_2(x)\int_a^x \rho_1, \quad \rho_4(x) = \rho_1(x)\int_x^b \rho_2 + \rho_2(x)\int_x^b \rho_1. \quad (3.10)$$

▶問 **3.1.6** 問 3.1.5 で X_j が r_j-指数分布するとき $(j = 1, 2)$, X_3, X_4 の分布を求めよ.

▶問 **3.1.7** (⋆) 独立事象 $A_1, \ldots, A_n$ に対し以下を示せ.

i) $A_1^{\mathsf{c}}, A_2, \ldots, A_n$ も独立.

ii) 任意の $J \subset \{1, \ldots, n\}$ に対し次のように定めた $B_1, \ldots, B_n$ も独立：

$$B_j = \begin{cases} A_j^c, & j \in J \text{ なら}, \\ A_j, & j \notin J \text{ なら}. \end{cases} \tag{3.11}$$

▶ **問 3.1.8** ($\star$)　次を示せ：

事象 $A_1, \ldots, A_n$ が独立 $\iff$ 確率変数 $\mathbf{1}_{A_1}, \ldots, \mathbf{1}_{A_n}$ ((0.1) 参照) が独立.

▶ **問 3.1.9** ($\star$)　$n\,(\geq 3)$ 個の事象，あるいは確率変数が独立なら，そのうちの任意の二つは独立である．一方，その逆は真でない．それを言うため，$\Omega = \{0, 1, 2, 3\}$，P を Ω 上の離散一様分布とし，以下を示せ.

i) 事象 $\{1, 2\}, \{2, 3\}, \{3, 1\}$ は独立でないが，そのうち任意の二つは独立.

ii) 確率変数：$\mathbf{1}_{\{1,2\}}, \mathbf{1}_{\{2,3\}}, \mathbf{1}_{\{3,1\}}$ ((0.1) 参照) は独立でないが，そのうち任意の二つは独立.

▶ **問 3.1.10** ($\star$)　(3.9) $\Rightarrow P(\bigcap_{j=1}^n A_j) = \prod_{j=1}^n P(A_j)$ だが，逆は真でない．それを言うため $p = \frac{-5+3\sqrt{3}}{4}\,(= 0.04903\cdots)$，$q = \frac{1-p}{3} = \frac{3-\sqrt{3}}{4}$ とし，以下を示せ.

i) $p = (p+q)^3$.

ii) $\Omega = \{0, 1, 2, 3\}$，$P(\{0\}) = p$，$P(\{i\}) = q$ $(i = 1, 2, 3)$ とするとき $A_i = \{0, i\}$ $(i = 1, 2, 3)$ は独立でないが，$P(A_1 \cap A_2 \cap A_3) = P(A_1)P(A_2)P(A_3)$.

3.2　独立確率変数の基本的性質

命題 3.2.1　独立な $X_j \in L^1(P)$ $(j = 1, \ldots, n)$ の積 $X = \prod_{j=1}^n X_j$ に対し

$$X \in L^1(P), \quad EX = \prod_{j=1}^n EX_j. \tag{3.12}$$

特に，任意の X_i, X_j $(1 \leq i < j \leq n)$ について [23] $\mathrm{cov}(X_i, X_j) = 0$.

---

[23] $X_i, X_j, X_i X_j \in L^1(P)$ なら $\mathrm{cov}(X_i, X_j)$ は意味をもつ(定義 2.2.2 参照).

証明 まず予備知識を復習する [24]. 一般に二つの数列 a_k, b_ℓ に対し,

1) $$\sum_{k,\ell=1}^{\infty} |a_k b_\ell| = \sum_{k=1}^{\infty} |a_k| \sum_{\ell=1}^{\infty} |b_\ell| \ (両辺が無限大の場合も含む).$$

2) 級数 $A = \sum_{k=1}^{\infty} a_k$, $B = \sum_{\ell=1}^{\infty} b_\ell$ が絶対収束すれば, $C = \sum_{k,\ell=1}^{\infty} a_k b_\ell$ も絶対収束し, $C = AB$.

また 1), 2) は, 級数を積分に置き換えても同様である (ルベーグ積分論におけるフビニの定理の応用).

命題の証明に戻る. 簡単のため, $n = 2$ かつ X_1, X_2 はともに離散確率変数とする. 仮定より

3) $E|X_1| = \displaystyle\sum_{s_1 \in S_1} |s_1| P(X_1 = s_1) < \infty$, $E|X_2| = \displaystyle\sum_{s_2 \in S_2} |s_2| P(X_2 = s_2) < \infty$.

よって,

4) $$\begin{cases} E|X| &= \displaystyle\sum_{s_1 \in S_1, s_2 \in S_2} |s_1 s_2| \underbrace{P(X_1 = s_1, X_2 = s_2)}_{= P(X_1=s_1)P(X_2=s_2)} \\ &\overset{1)}{=} \displaystyle\sum_{s_1 \in S_1} |s_1| P(X_1 = s_1) \sum_{s_2 \in S_2} |s_2| P(X_2 = s_2) \overset{3)}{<} \infty. \end{cases}$$

よって $X \in L^1(P)$. さらに 2),3) から, 4) で絶対値をすべてとり除いた式も正しい. したがって $EX = E(X_1)E(X_2)$. つまり $\mathrm{cov}(X_1, X_2) = 0$ (命題 2.2.3). \(^□^)/

注 命題 3.2.1 の逆は不成立(問 3.2.3, 問 3.2.4).

系 3.2.2 $X_1, \dots, X_n \in L^2(P)$ が独立, $S_n = \sum_{j=1}^{n} X_j$ とするとき,

$$\mathrm{var}\, S_n = \sum_{j=1}^{n} \mathrm{var}\, X_j. \tag{3.13}$$

証明 (2.25), 命題 3.2.1 による. \(^□^)/

---

[24] この証明を数学的に厳密に理解したい人向け. 厳密さにこだわらなければ, この復習は不要.

系 3.2.3 確率変数 $X_1, \ldots, X_n$ に対し $\overline{X} = \frac{X_1 + \cdots + X_n}{n}$ を**標本平均**と呼ぶ.
$X_1, \ldots, X_n \in L^1(P)$, $m_j = EX_j$ $(j = 1, \ldots, n)$ なら

$$E\overline{X} = \overline{m}, \quad ただし \quad \overline{m} = \frac{m_1 + \cdots + m_n}{n}. \tag{3.14}$$

さらに $X_1, \ldots, X_n \in L^2(P)$ が独立, $v_j = \operatorname{var} X_j$ なら

$$\operatorname{var} \overline{X} = \frac{\overline{v}}{n}, \quad ただし \quad \overline{v} = \frac{v_1 + \cdots + v_n}{n}. \tag{3.15}$$

証明 (3.14) は平均の線形性による. また, (3.15) は次のように示せる:

$$\operatorname{var} \overline{X} \overset{(2.21)}{=} \frac{\operatorname{var}(X_1 + \cdots + X_n)}{n^2} \overset{(3.13)}{=} \frac{v_1 + \cdots + v_n}{n^2} = \frac{\overline{v}}{n}. \quad \backslash(^\square{}^)/$$

注 (3.15) で, 特に $v_j \equiv v$ とすると, $\operatorname{var} \overline{X} = v/n$ は個々の X_j の分散 v を標本の個数 n で割ったものになる. つまり,

個々の X_j の「ばらつき」に比べ, 標本平均 $\overline{X}$ の「ばらつき」は小さい. (3.16)

これは確率論における, ひとつの基本原理と言ってよい. (3.16) の応用例はすぐ後の例 3.2.4 でも述べるし, $n \to \infty$ のとき $\overline{X}$ の「ばらつき」が 0 に収束することが大数の法則 (定理 5.2.1) の本質でもある.

例 3.2.4 (**一列並びの効用**) 駅で切符売り場に n 個の窓口があるとする. 並び方として次の二つの方法があり得る.

- **並列並び**: 客は好きな窓口を勝手に選んで並ぶ.

- **一列並び**: すべての客はまず一列に並び, その列の先頭の客が最初に空いた窓口に進む.

上記二つの方法で待ち時間の平均と分散を比較してみよう. 簡単のため, 自分の前に n の倍数である kn 人の客が待っているとし, それぞれの客が切符を買うのに要する時間は iid $\{X_i\}_{i=1}^{kn} \subset L^2(P)$ で平均 m, 分散 v とする.

- **並列並びの待ち時間**: それぞれの客は n 個の窓口についた列のうち, できるだけ短い列に並ぼうとする結果, すべての列の長さはすべて等しく (したがっ

て k に) なるのが自然である. ある列に並んだ k 人の客の番号を $\ell(1), \dots, \ell(k)$ とすると, その列の待ち時間は,

$$S = \sum_{j=1}^{k} X_{\ell(j)}.$$

$\{X_{\ell(j)}\}_{j=1}^{k}$ も平均 m, 分散 v の iid だから

1) $\quad ES \overset{(2.14)}{=} km, \quad \operatorname{var} S \overset{(3.13)}{=} kv$

となり, これはどの列に並んでも同じである.

● **一列並びの待ち時間**: 一列並びの場合は「すべての客が処理速度 n 倍であるひとつの窓口に並ぶ」ということなので, 待ち時間は

$$T = \frac{1}{n} \sum_{j=1}^{kn} X_j.$$

T の平均と分散は,

2) $\quad ET \overset{(2.14)}{=} \dfrac{knm}{n} = km, \quad \operatorname{var} T \overset{(2.21),(3.13)}{=} \dfrac{knv}{n^2} = \dfrac{kv}{n}.$

1), 2) を比べると $ES = ET$ だが, $\operatorname{var} T = \frac{\operatorname{var} S}{n}$. したがって一列並びをすることで, 待ち時間の分散を小さくできる. よって, 待ち時間が平均を大きく上回る確率も小さくできる ((2.23) 参照).

命題 3.2.5 $X_j : \Omega \to S_j$ は独立確率変数, $f_j : S_j \to \mathbb{R}$ は関数, $Y_j = f_j(X_j)$ とする [25] $(j = 1, \dots, n)$. このとき, $f_1(X_1), \dots, f_n(X_n)$ は独立である.

証明 $X_1, \dots, X_n$ がすべて離散型の場合のみ示す. このとき, $f_1(X_1), \dots, f_n(X_n)$ も離散型だから, (3.2) にあたる式を示せばよい. $f_j(X_j)$ の値域から,

---

[25] 厳密に言うと, X_j が連続確率変数なら, f_j には「ボレル可測性」と呼ばれる性質を仮定する必要がある. しかし, 応用上現れる関数はすべてボレル可測なので, 本書では気にしなくてよい.

任意に t_j をとり, $A_j = \{s \in S_j \; ; \; f_j(s) = t_j\}$ とおくと,

$$P\left(\bigcap_{j=1}^{n}\{f_j(X_j) = t_j\}\right) = P\left(\bigcap_{j=1}^{n}\{X_j \in A_j\}\right) \overset{(3.3)}{=} \prod_{j=1}^{n} P(X_j \in A_j)$$

$$= \prod_{j=1}^{n} P(f_j(X_j) = t_j). \qquad \backslash(^\wedge{}_\square{}^\wedge)/$$

▶**問 3.2.1** X, Y を実数値の iid, $f, g : \mathbb{R} \to \mathbb{R}$ かつ $f(X), g(X), f(X)g(X) \in L^1(P)$ とする. 以下を示せ.

i) $E[(f(X) - f(Y))(g(X) - g(Y))] = 2\mathrm{cov}(f(X), g(X))$.

ii) f, g が共に単調増加なら, $\mathrm{cov}(f(X), g(X)) \geq 0$.

▶**問 3.2.2** 系 3.2.2 で $X_1, \ldots, X_n$ が区間 $[0, b]$ に値をとるとき, $\mathrm{var}\, S_n \leq b E S_n$ を示せ.

▶**問 3.2.3** $\Omega = \{1, 2, 3, 4\}$, P を Ω 上の離散一様分布,

$$X_1(\omega) = \begin{cases} +1, & \omega = 1 \text{ なら}, \\ -1, & \omega = 2 \text{ なら}, \\ 0, & \omega = 3, 4 \text{ なら}, \end{cases} \qquad X_2(\omega) = \begin{cases} 0, & \omega = 1, 2 \text{ なら}, \\ +1, & \omega = 3 \text{ なら}, \\ -1, & \omega = 4 \text{ なら}, \end{cases}$$

とする. 次を示せ.

i) X_1, X_2 は独立でない.

（ヒント: $\{X_j = 1\}$ $(j = 1, 2)$ は排反で, 共に正の確率をもつ.）

ii) $\mathrm{cov}(X_1, X_2) = 0$.

▶**問 3.2.4** U を $(-\pi, \pi)$ 上に一様分布する確率変数, $X_1 = \cos U$, $X_2 = \sin U$ とするとき, 次を示せ.

i) X_1, X_2 は独立でない.

（ヒント: $\{X_j > 1/\sqrt{2}\}$ $(j = 1, 2)$ は排反だが, 共に正の確率をもつ.）

ii) $\mathrm{cov}(X_1, X_2) = 0$.

──────────────── **4**

独立性を応用した計算例

────────────────

4.1 独立確率変数の和

例 4.1.1（n 回賭けて何度勝てる？——(n,p)-二項分布）$(1,p)$-二項分布する iid $X_1,\ldots,X_n$ を n 回おこなった賭けの勝敗と解釈する（例 3.1.2 参照）.

このときの勝ち数：

$$S_n \overset{\text{def}}{=} X_1 + \cdots + X_n$$

の分布を求める. **二項係数**：$\binom{n}{k} \overset{\text{def}}{=} \dfrac{n!}{k!(n-k)!}$ は $\displaystyle\sum_{\substack{s_1,\ldots,s_n=0,1 \\ s_1+\cdots+s_n=k}} 1$ に等しい から,

$$P(S_n=k) \overset{(1.2)}{=} \sum_{\substack{s_1,\ldots,s_n=0,1 \\ s_1+\cdots+s_n=k}} P(X_1=s_1,\ldots,X_n=s_n)$$

$$\overset{(3.4)}{=} \sum_{\substack{s_1,\ldots,s_n=0,1 \\ s_1+\cdots+s_n=k}} p^k(1-p)^{n-k} = \binom{n}{k}p^k(1-p)^{n-k}. \quad (4.1)$$

上記 S_n の分布を (n,p)-**二項分布**と呼ぶ. 例えば $(n,p)=(20,1/2),(24,1/8)$ に対する数表と, k を横軸にとった棒グラフは次のようになる[26].

表 4: 二項分布 (4.1) の近似値

$(n,p) \setminus k$	0	1	2	3	4	5	6	7	8	9	10
$(20,1/2)$				.001	.005	.015	.037	.074	.120	.160	.176
$(24,1/8)$	.041	.139	.229	.239	.180	.103	.046	.017	.005	.001	.0003

───────────

[26] 0.0001 未満の値省略.

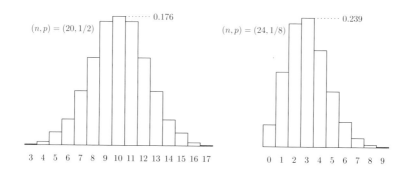

上の棒グラフは，$(n,p)=(20,1/2)$ の場合は，正規分布に似ている(例 1.3.4 の図参照)．これは，後述するド・モアブルの定理(定理 5.1.6)，あるいは中心極限定理(定理 5.3.1, (5.22)) が視覚化されたものである．一方，$(n,p)=(24,1/8)$ の場合は，3-ポアソン分布に似ている(例 1.2.4 の図参照)．これは後述する少数の法則（定理 5.1.2）の視覚化である．

　最後に，S_n の平均・分散は次のように計算できる：

$$ES_n \overset{(2.14)}{=} \sum_{j=1}^{n} EX_j \overset{(2.5)}{=} np, \quad \mathrm{var}\, S_n \overset{(3.13)}{=} \sum_{j=1}^{n} \mathrm{var}\, X_j \overset{(2.28)}{=} np(1-p). \quad (4.2)$$

　二項分布やポアソン分布する確率変数は，次のように独立な和によって分布の性質が保たれる(径数は変化する)．

命題 4.1.2 X_j $(j=1,2)$ は独立確率変数，$X=X_1+X_2$ とする．

a) X_j が (n_j,p)-二項分布するなら X は (n_1+n_2,p)-二項分布する．

b) X_j が c_j-ポアソン分布するなら X は (c_1+c_2)-ポアソン分布する．

証明の前に，命題 4.1.2 の意味を直感的に理解しておこう．まず，(n,p)-二項分布を勝率 p の賭け n 回中の勝ち数の分布と解釈する．すると a) の意味は，例えば：

- 二人で別々に同じ賭けをし，一方は n_1 回，他方は n_2 回賭けたとする．このとき，二人併せた勝ち数は，一人で $n_1 + n_2$ 回賭けたときの勝ち数と同分布．

これは直感的には明らかである．なぜなら勝ち数の分布は勝率だけで決まり，誰が賭けたかには無関係だから．

一方，ポアソン分布を大都市での交通事故数の分布と解釈すると b) の意味は，例えば：

- 東京での一日の交通事故数が平均 c_1 のポアソン分布，横浜での一日の交通事故数が平均 c_2 のポアソン分布に従うとすると，東京と横浜を併せた一日の交通事故数は平均 $c_1 + c_2$ のポアソン分布に従う．

これも東京と横浜を併せて一つの巨大都市と考えれば自然である．

以上で命題 4.1.2 の意味と，その自然さは納得できたと思う．独立性の定義に戻り，厳密に証明するには例えば以下のようにすればよい．

証明 a)：$n = n_1 + n_2$ と書くと

$$\sum_{r=0}^{n} \binom{n}{r} t^r = (1+t)^n = (1+t)^{n_1}(1+t)^{n_2}$$

$$= \sum_{k=0}^{n_1} \binom{n_1}{k} t^k \sum_{\ell=0}^{n_2} \binom{n_2}{\ell} t^\ell = \sum_{r=0}^{n} t^r \sum_{\substack{k,\,\ell \geq 0 \\ k+\ell = r}} \binom{n_1}{k} \binom{n_2}{\ell}.$$

両辺で t^r の係数を比較して

$$\binom{n}{r} = \sum_{\substack{k,\,\ell \geq 0 \\ k+\ell = r}} \binom{n_1}{k} \binom{n_2}{\ell}. \tag{4.3}$$

よって，

$$P(X = r) \overset{(1.2)}{=} \sum_{\substack{k,\,\ell \geq 0 \\ k+\ell = r}} P(X_1 = k, X_2 = \ell) \overset{(3.2)}{=} \sum_{\substack{k,\,\ell \geq 0 \\ k+\ell = r}} P(X_1 = k) P(X_2 = \ell)$$

$$\overset{(4.1)}{=} \sum_{\substack{k,\,\ell \,\geq\, 0 \\ k+\ell \,=\, r}} \binom{n_1}{k} p^k (1-p)^{n_1-k} \binom{n_2}{\ell} p^\ell (1-p)^{n_2-\ell}$$

$$= \; p^r (1-p)^{n-r} \sum_{\substack{k,\,\ell \,\geq\, 0 \\ k+\ell \,=\, r}} \binom{n_1}{k} \binom{n_2}{\ell} \overset{(4.3)}{=} \binom{n}{r} p^r (1-p)^{n-r}.$$

b)： $c = c_1 + c_2$ と書くと

$$\sum_{r \geq 0} t^r \frac{c^r}{r!} = e^{tc} = e^{tc_1} e^{tc_2} = \sum_{k \geq 0} t^k \frac{c_1^k}{k!} \sum_{\ell \geq 0} t^\ell \frac{c_2^\ell}{\ell!} = \sum_{r \geq 0} t^r \sum_{\substack{k,\,\ell \,\geq\, 0 \\ k+\ell \,=\, r}} \frac{c_1^k}{k!} \frac{c_2^\ell}{\ell!}.$$

両辺で t^r の係数を比較して，

$$\frac{c^r}{r!} = \sum_{\substack{k,\,\ell \,\geq\, 0 \\ k+\ell \,=\, r}} \frac{c_1^k}{k!} \frac{c_2^\ell}{\ell!}. \tag{4.4}$$

よって，

$$P(X = r) \overset{(1.2)}{=} \sum_{\substack{k,\,\ell \,\geq\, 0 \\ k+\ell \,=\, r}} P(X_1 = k, X_2 = \ell) \overset{(3.2)}{=} \sum_{\substack{k,\,\ell \,\geq\, 0 \\ k+\ell \,=\, r}} P(X_1 = k) P(X_2 = \ell)$$

$$\overset{(1.15)}{=} \sum_{\substack{k,\,\ell \,\geq\, 0 \\ k+\ell \,=\, r}} \frac{e^{-c_1} c_1^k}{k!} \frac{e^{-c_2} c_2^\ell}{\ell!} = e^{-c} \sum_{\substack{k,\,\ell \,\geq\, 0 \\ k+\ell \,=\, r}} \frac{c_1^k}{k!} \frac{c_2^\ell}{\ell!} \overset{(4.4)}{=} e^{-c} \frac{c^r}{r!}.$$

$$\backslash (\text{^}\square\text{^}) /$$

　独立なガウス確率変数の和が再びガウス確率変数であること（命題 4.1.4）は確率論，統計学双方において重要な事実である．命題 4.1.4 を示すために次の補題を準備する．

補題 4.1.3 連続確率変数 $X_j : \Omega \to \mathbb{R}$ $(j = 1, 2)$ が独立かつ，それぞれの密度は ρ_j とする．このとき，$X = X_1 + X_2$ は次の密度をもつ連続確率変数である：

$$\rho(x) = \int_{\mathbb{R}} \rho_1(x-y) \rho_2(y) dy. \tag{4.5}$$

証明 $I \subset \mathbb{R}$ を任意の区間とする. このとき,

$$X \in I \iff (X_1, X_2) \in D \stackrel{\text{def}}{=} \{(x, y) \in \mathbb{R}^2 \,;\, x + y \in I\}$$

そこで X_1, X_2 の独立性を (3.6) の形で用いて [27],

1) $\begin{cases} P(X \in I) = P((X_1, X_2) \in D) \stackrel{(3.6)}{=} \displaystyle\int_{(x,y) \in D} \rho_1(x)\rho_2(y)dxdy \\ \\ \quad = \displaystyle\int_{\substack{x,\,y\,\in\,\mathbb{R} \\ x+y\,\in\,I}} \rho_1(x)\rho_2(y)dxdy = \int_{\mathbb{R}} \left(\int_{x+y \in I} \rho_1(x)dx \right) \rho_2(y)dy \end{cases}$

1) の最右辺, $(\cdots)$ 内の積分で, y を固定し, $x \mapsto x - y$ と平行移動すると,

$$\int_{x+y \in I} \rho_1(x)dx = \int_I \rho_1(x-y)dx.$$

これを再び 1) に代入し, 積分順序を交換すると,

$$P(X \in I) = \int_I \underbrace{\left(\int_{\mathbb{R}} \rho_1(x-y)\rho_2(y)dy \right)}_{=\rho(x)} dx \qquad \backslash(\text{\textasciicircum}\square\text{\textasciicircum})/$$

命題 4.1.4 独立確率変数 $X_j \approx N(m_j, v_j)$ $(j = 1, 2)$ に対し, $X_1 + X_2 \approx N(m_1 + m_2, v_1 + v_2)$.

証明 補題 4.1.3 の記号と結果を用いる. $\rho_j(x) = \frac{1}{\sqrt{2\pi v_j}} \exp\left(-\frac{(x-m_j)^2}{2v_j} \right)$ に対し

$$\rho(x) = \frac{1}{\sqrt{2\pi v}} \exp\left(-\frac{(x-m)^2}{2v} \right) \quad \text{ただし} \quad m = m_1 + m_2, \, v = v_1 + v_2$$

を言えばよい. (4.5) に上の ρ_1, ρ_2 を代入して,

1) $\qquad \rho(x) = \frac{1}{2\pi\sqrt{v_1 v_2}} \int_{\mathbb{R}} \exp\left(-\frac{(x-y-m_1)^2}{2v_1} - \frac{(y-m_2)^2}{2v_2} \right) dy.$

---

[27] (3.6) での I をここでの D に置き換えて適用する(定義 3.1.4 直後の注参照).

指数の肩を積分変数 y について平方完成する：

$$\frac{(x-y-m_1)^2}{v_1} + \frac{(y-m_2)^2}{v_2} = \frac{v}{v_1 v_2}\left(y - m_2 - \frac{(x-m)v_2}{v}\right)^2 + \frac{(x-m)^2}{v}.$$

上式を 1) に代入して積分する．平行移動すれば $y - m_2 - \frac{(x-m)v_2}{v}$ を y にできて，

$$\rho(x) = \frac{1}{2\pi\sqrt{v_1 v_2}}\exp\left(-\frac{(x-m)^2}{2v}\right)\underbrace{\int_{\mathbb{R}}\exp\left(-\frac{vy^2}{2v_1 v_2}\right)dy}_{=\sqrt{2\pi v_1 v_2/v}}$$

$$= \frac{1}{\sqrt{2\pi v}}\exp\left(-\frac{(x-m)^2}{2v}\right). \qquad \backslash(^\square^)/$$

▶問 **4.1.1** 例 4.1.1 で $\rho(k) = P(S_n = k)$ とする．以下を示せ．

i) $\frac{\rho(k)}{\rho(k-1)} = 1 + \frac{(n+1)p-k}{k(1-p)}$.

ii) $k_* = \lfloor(n+1)p\rfloor$ ((0.12) 参照) とすれば，$k \le k_*$ で $\rho(k-1) \le \rho(k)$，$k \ge k_*$ で $\rho(k) \ge \rho(k+1)$．したがって，$k \mapsto \rho(k)$ の「グラフ」は $k_* \overset{\text{ほぼ}}{=} (n+1)p$ を頂点とする山形である．

▶問 **4.1.2** n 個の梨を k 個の箱に分けて入れる方法の数を，次の各場合に二項係数を用いて表せ．

i) $n \ge k$ かつ空箱なし．　　ii) n, k の大小は任意かつ空箱も許す．

▶問 **4.1.3** $Z, X_1, X_2, \ldots$ は独立確率変数，$Z \approx c$-ポアソン分布，$X_j \approx (1,p)$-二項分布，$S_0 = 0$, $S_n = X_1 + \cdots + X_n$ $(n \ge 1)$ とする．$S_Z, Z - S_Z$ が独立であることを示し，それぞれの分布を求めよ．

▶問 **4.1.4** $X_1, \ldots, X_n$ は $\mathbb{N}^d$-値 iid, $P(X_1 = (0, \ldots, 0)) = p_0$, $P(X_1 = e_i) = p_i$ $(i = 1, \ldots, d, e_i = (\delta_{ij})_{j=1}^d)$, $S_n = X_1 + \cdots + X_n$ とする．$k = (k_1, \ldots, k_d) \in$

$\mathbb{N}^d$ が $|k| \overset{\text{def}}{=} k_1 + \cdots + k_d \leq n$ を満たすとき次を示せ[28]：

$$P(S_n = k) = \binom{n}{k} p_0^{n-|k|} p_1^{k_1} \cdots p_d^{k_d}, \quad ただし \quad \binom{n}{k} = \frac{n!}{(n-|k|)! \, k_1! \cdots k_d!}.$$

上記 S_n の分布を $(n, p_1, \ldots, p_d)$-**多項分布**と呼ぶ.

▶ **問 4.1.5** ($\star$)　例 4.1.1 で,　$P(S_n \geq k) = k \binom{n}{k} \int_0^p x^{k-1}(1-x)^{n-k} dx$, $k = 1, \ldots, n$ を示せ.

▶ **問 4.1.6** ($\star$)　記号は例 4.1.1 のとおり,　$X = (X_j)_{j=1}^n \in \{0,1\}^n$ とする.　以下を示せ.

i)　$k = 0, 1, \ldots, n$, $s = (s_j)_{j=1}^n \in \{0,1\}^n$, $s_1 + \cdots + s_n = k$, $p \in (0,1)$ なら $P(X = s \,|\, S_n = k) = \binom{n}{k}^{-1}$ (p によらない値).

ii)　任意の $p \in (0,1)$, $f : \{0,1\}^n \to \mathbb{R}$ に対し $\frac{d}{dp} Ef(X) = \frac{1}{p(1-p)} \mathrm{cov}(f(X), S_n)$.

▶ **問 4.1.7**　命題 4.1.2 の a), b) それぞれで,　$P(X_1 = k \,|\, X = r)$ を求めよ. ただし,　a) では $k \leq n_1$,　b) では $k \leq r$ とする.

▶ **問 4.1.8**　X_1, X_2 は $\mathbb{N}^d$-値独立確率変数,　$X_j \approx (n_j, p_1, \ldots, p_d)$-多項分布 ($j = 1, 2$)（問 4.1.4）とするとき,　$X_1 + X_2$ の分布を求めよ.

4.2　幾何分布とその応用

例 4.2.1（何度めの賭けで初めて勝てる？ —— 幾何分布）　例 4.1.1 の賭博者にもう少し付き合うとしよう.　T 回目で初めて勝ったとする：

$$T = \min\{n \,;\, X_n = 1\}.$$

このとき,　$n = 1, 2, \ldots$ に対し

$$P(T = n) = P(X_1 = \cdots = X_{n-1} = 0, \, X_n = 1) \overset{(3.4)}{=} (1-p)^{n-1} p. \qquad (4.6)$$

---

[28] ここでは例外的に本書の規約 (0.13) と違う意味で,　記号 $|\cdot|$ を用いる.

T の分布を p-**幾何分布**と呼ぶ. (4.6) 右辺の形からわかるように，幾何分布は指数分布（例 1.3.3）の「離散化」と解釈できる. 例えば

$$P(T > n) = P(X_1 = \cdots = X_n = 0) = (1 - p)^n \tag{4.7}$$

に注意すると

$$P(T > m+n \,|\, T > m) = P(T > n), \;\; m, n \geq 0 \tag{4.8}$$

となり，指数分布の場合 (1.19) と類似の**無記憶性**をもつことがわかる. T の平均・分散は次のように計算できる.

$$g(p) \stackrel{\text{def}}{=} \sum_{n=0}^{\infty} (1 - p)^n = p^{-1}$$

より $g'(p) = -p^{-2}$, $g''(p) = 2p^{-3}$. よって

$$ET \stackrel{(2.2)}{=} p \sum_{n=1}^{\infty} n(1 - p)^{n-1} = -pg'(p) = p^{-1}, \tag{4.9}$$

$$E[T(T-1)] \stackrel{(2.2)}{=} p \sum_{n=2}^{\infty} n(n - 1)(1 - p)^{n-1} = p(1 - p)g''(p) = 2p^{-2} - 2p^{-1},$$

$$\operatorname{var} T \stackrel{(2.22)}{=} E(T^2) - (ET)^2 = \underbrace{E[T(T-1)]}_{=2p^{-2}-2p^{-1}} + \underbrace{ET}_{=p^{-1}} - \underbrace{(ET)^2}_{=p^{-2}}$$

$$= \; p^{-2} - p^{-1}. \tag{4.10}$$

　数年前，某テレビ局の深夜番組制作者から突然電話があり，「収録予定の企画について別途メールで説明するので，それについて確率論の立場から意見を聞きたい」とのことだった. メールを読むと，その企画とは次のようなものだった. 地上 10 階建のビルに 4 基のエレベーターがある. 地下 1 階に集合した 4 人の芸人がそれぞれエレベーターに乗り込み，1F から 10F までのボタンをランダムに押してその階で降りる. 全員がたまたま同じ階で降りるま

でこの実験を繰り返そうというのだ．一回の実験で全員が同じ階で降りる確率 p は

$$p = \underbrace{\left(\frac{1}{10}\right)^4}_{\text{全員がある特定階で降りる確率}} \times 10 = \frac{1}{1000}.$$

これは，なかなか成功しない．出演した芸人たちはそれまでにヘロヘロに疲れてしまうだろう．どうやら，そのヘロヘロ具合を面白おかしく放映するというのが番組の趣旨らしい．しかし，番組制作者が，この実験が成功するまでの回数を定量的に考察した上でこの企画を立ち上げているのかどうか不明だった．この実験が T 回目で初めて成功するとすると T は p-幾何分布するので，その平均は $ET \overset{(4.9)}{=} 1/p = 1000$ 回．3 分に一回のハイペースで休みなく実験を繰り返しても平均的には約 50 時間の収録を見込まなければならない．また，例えば 480 回（24 時間）以内に成功しない確率は

$$P(T > 480) \overset{(4.7)}{=} (1-p)^{480}|_{p=1/1000} = 0.61863\cdots.$$

著者は番組制作者にその旨返信したと記憶しているが，その後先方から連絡はなかった．収録は実行されたのだろうか (^^;) ?

注　例 4.2.1 の T が「初めて成功した回数」なのに対し，「成功までの待ち回数」$T-1$ の分布を幾何分布と呼ぶこともある．

例 4.2.2（ひとつの勝ちから次の勝ちまでの間隔）記号は例 4.2.1 のとおりとする．例 4.2.1 では一勝するまでの賭けの回数について考えた．一勝したところで勝ち逃げする手もあるが，あえてもう少しこの賭けを続けてみよう．直感的に，

- 「一勝目までの賭けの回数」と「一勝後，二勝目までの賭けの回数」は独立かつ同分布

に思える．この直感を一般化，厳密化してみよう．T_ℓ 回目の賭けで通算 ℓ 勝目に達したとする：

$$T_0 \equiv 0, \ T_\ell = \min\{j > T_{\ell-1} \,;\, X_j = 1\}. \tag{4.11}$$

このとき，ひとつの勝ちから次の勝ちまでの賭けの回数：

$$\tau_\ell = T_\ell - T_{\ell-1}, \ \ell = 1, 2, \ldots \tag{4.12}$$

は p-幾何分布する iid である，つまり任意の $n(1), n(2), \ldots, n(\ell) \geq 1$ に対し

1)　　$P(A) = \prod_{j=1}^{\ell} p(1-p)^{n(j)-1}, \quad$ ただし $\quad A = \bigcap_{j=1}^{\ell} \{\tau_j = n(j)\}.$

実際，$N(j) = n(1) + \cdots + n(j) \ (j \geq 1)$ とおくと，A は $N(\ell)$ 回の賭けのうち，$N(1), N(2), \ldots, N(\ell)$ 回目に勝ち，それ以外では負けることなので

$$P(A) = P\left(\begin{array}{l} X_{N(1)} = \cdots = X_{N(\ell)} = 1 \\ X_j = 0, \ 1 \leq j \leq N(\ell), \ j \neq N(1), \ldots, N(\ell) \end{array}\right)$$

$$\overset{(3.4)}{=} p^\ell (1-p)^{N(\ell)-\ell} = \prod_{j=1}^{\ell} p(1-p)^{n(j)-1}.$$

幾何分布に関係した話題として次のようなものを考えてみよう．

例 4.2.3（おまけ集め） あるお菓子のおまけに小さな恐竜模型がひとつ付く．恐竜は全部で ℓ 種類（ティラノサウルス，トリケラトプス，… etc.）で，どの恐竜が入っているかは，買って袋を開けるまでわからない．このとき

0) 恐竜を ℓ 種類全部集めるには何個くらいお菓子を買わなければならないか？

ℓ 種類の恐竜を $\{1, \ldots, \ell\}$ と番号づけ，$\{1, \ldots, \ell\}$ に一様分布した iid $X_1, X_2, \ldots$ を考える．$X_n \in \{1, \ldots, \ell\}$ は n 個目に買ったお菓子についてきた恐竜の種

類を表す. さらに $\{T_{\ell,j}\}_{j=1}^{\ell}$ を次のように定める:

$$
T_{\ell,j} = \begin{cases} 1, & j = 1, \\ \min\{n > T_{\ell,j-1} \,;\, X_n \neq X_1, \ldots, X_{n-1}\}, & j = 2, \ldots, \ell. \end{cases}
$$

$T_{\ell,j}$ は恐竜を j 種類集めた時点で買ったお菓子の個数を表す ((4.11) の類似). したがって, 恐竜を全種類集めた時点で買ったお菓子の個数 $T_{\ell,\ell}$ が問題であり, これについて平均の意味では, 問い 0) の答えは次のようになる [29]:

$$
ET_{\ell,\ell} = 1 + \ell \sum_{j=1}^{\ell-1} \frac{1}{j}. \tag{4.13}
$$

例えば $\ell = 10, \ 20, \ 30$ に対し (4.13) の値はそれぞれ約 29, 72, 120. さらに

$$
\sum_{j=1}^{\ell-1} \frac{1}{j} - \log \ell \xrightarrow{\ell \to \infty} \gamma = 0.5772 \cdots \quad (\text{オイラーの定数}) \tag{4.14}
$$

(より精密には $\gamma \leq \sum_{j=1}^{\ell-1} \frac{1}{j} - \log \ell \leq \gamma + \frac{1}{\ell}$; 問 4.2.5 参照). したがって ℓ が大きいとき, 恐竜を ℓ 種類全部集めるまでに

$$
\ell(\log \ell + \gamma) \tag{4.15}
$$

個くらいのお菓子を買ってしまうことになる. 例えば $\ell = 100, \ 200, \ 300$ に対し (4.15) の値はそれぞれ約 518, 1175, 1884.

(4.13) を示すために $j-1$ 種類目の恐竜を入手後, j 種類目を入手するまでに買ったお菓子の個数:

$$
\tau_{\ell,j} = T_{\ell,j} - T_{\ell,j-1}, \quad 2 \leq j \leq \ell
$$

を考える ((4.12) の類似). このとき次が成立する:

1) $\tau_{\ell,j}$ $(2 \leq j \leq \ell)$ は独立かつ $p_{\ell,j}$-幾何分布する ($p_{\ell,j} = 1 - \frac{j-1}{\ell}$).

---

[29] 例 2.1.8 で述べたように, 一般には「期待値を期待できない」例もあるが, 例 5.2.7 (後述) より, ℓ が大きければ $T_{\ell,\ell}$ と (4.13) の値が近い確率が高い.

まず 1) を認めて (4.13) を示す.

$$T_{\ell,\ell} = 1 + \tau_{\ell,2} + \cdots + \tau_{\ell,\ell}, \quad E\tau_{\ell,j} \overset{1),(4.9)}{=} \frac{1}{p_{\ell,j}} = \frac{\ell}{\ell - j + 1}, \quad j = 2, \ldots, \ell.$$

よって

$$ET_{\ell,\ell} = 1 + \ell \sum_{j=2}^{\ell} \frac{1}{\ell - j + 1} \overset{k=\ell-j+1}{=} 1 + \ell \sum_{k=1}^{\ell-1} \frac{1}{k}, \quad \text{つまり (4.13) が得られた.}$$

次に 1) を示す[30]. それには $n(2), \ldots, n(\ell) \geq 1$ を任意にとり次を言えばよい (問 3.1.2):

2) $\quad P(A) = \displaystyle\prod_{j=2}^{\ell} p_{\ell,j}(1 - p_{\ell,j})^{n(j)-1}, \quad \text{ただし} \quad A = \bigcap_{j=2}^{\ell}\{\tau_{\ell,j} = n(j)\}.$

事象 A について, 恐竜が初めて j 種類集まった時点までに買ったお菓子の個数:

$$N(j) \overset{\text{def}}{=} \begin{cases} 1, & j = 1, \\ 1 + n(2) + \cdots + n(j), & j = 2, \ldots, \ell \end{cases}$$

を考える. また $\displaystyle\bigcap_{j=1}^{N(\ell)}\{X_j = s_j\} \subset A$ なることと, $s_1, \ldots, s_{N(\ell)}$ が次を満たすことは同値:

3) $\begin{cases} s_2 = \cdots = s_{N(2)-1} = s_1, & s_{N(2)} \neq s_1, \\ s_{N(2)+1}, \ldots, s_{N(3)-1} \in \{s_{N(1)}, s_{N(2)}\}, & s_{N(3)} \notin \{s_{N(1)}, s_{N(2)}\}, \\ \qquad\qquad\vdots & \qquad\vdots \\ s_{N(j-1)+1}, \ldots, s_{N(j)-1} \in \{s_{N(1)}, \ldots, s_{N(j-1)}\}, & s_{N(j)} \notin \{s_{N(1)}, \ldots, s_{N(j-1)}\}, \\ \qquad\qquad\vdots & \qquad\vdots \\ s_{N(\ell-1)+1}, \ldots, s_{N(\ell)-1} \in \{s_{N(1)}, \ldots, s_{N(\ell-1)}\}, & s_{N(\ell)} \notin \{s_{N(1)}, \ldots, s_{N(\ell-1)}\}. \end{cases}$

3) を満たす $s_1, \ldots, s_{N(\ell)}$ の選び方の数は

---

[30] (4.13) を言うためだけなら, 1) のうち独立性は必要ないが, 分布を計算するついでに独立性もわかってしまう.

4)
$$\underbrace{\ell}_{s_1} \times \prod_{j=2}^{\ell} \underbrace{(j-1)^{n(j)-1}}_{s_{N(j-1)+1}, \ldots, s_{N(j)-1}} \underbrace{(\ell-j+1)}_{s_{N(j)}}$$
$$= \ell^{N(\ell)} \prod_{j=2}^{\ell} \left(\frac{j-1}{\ell}\right)^{n(j)-1} \left(1 - \frac{j-1}{\ell}\right).$$

よって

$$P(A) \overset{(1.2)}{=} \sum_{\substack{s_1, \ldots, s_{N(\ell)} \\ 3) \text{ を満たす}}} P\left(\bigcap_{j=1}^{N(\ell)} \{X_j = s_j\}\right) \overset{(3.2)}{=} \frac{1}{\ell^{N(\ell)}} \sum_{\substack{s_1, \ldots, s_{N(\ell)} \\ 3) \text{ を満たす}}} 1$$

$$\overset{4)}{=} \prod_{j=2}^{\ell} \left(\frac{j-1}{\ell}\right)^{n(j)-1} \left(1 - \frac{j-1}{\ell}\right)$$

$$= \prod_{j=2}^{\ell} p_{\ell,j}(1 - p_{\ell,j})^{n(j)-1}. \qquad \text{\(^□^)/}$$

例 4.2.4（ペテルスブルグの賭け：その 1 ）　ある夜，悪魔がやって来て，あなたに次のような賭けを持ちかけたとする．

悪魔：「まず，君は硬貨を投げ続けるがいい．そしてちょうど n 回目に初めて表が出たら君の取り分は 2^n 円だ．もちろん，タダでこの賭けをさせるわけにはいかんよ．その料金を決める前に，君の取り分の期待値を教えてやろう．硬貨を投げ続けて T 回目に初めて表が出るということは，T は $1/2$-幾何分布する確率変数だ．それに対し君の取り分は 2^T だから，期待値は

1)
$$E\, 2^T \overset{(2.2)}{=} \sum_{k \geq 1} 2^k P(T=k) \overset{(4.6)}{=} \sum_{k \geq 1} \underbrace{2^k 2^{-k}}_{=1} = \infty.$$

どうだ，この賭けの取り分は期待値無限大だ．料金として全財産を出しても元が取れそうじゃないか．でも，君だけ特別に一万円に負けてやろう．どうだ，いい話だろう．乗らないか？」

　　　さて，あなたは悪魔の誘いに乗るべきか？

結論から言うと，お勧めしない．確かに 1) は正しく，取り分の期待値は無限
大だ．だが，1) をよく見ればわかるように，2^T の大きな値は極めて小さい
確率の事象上に分布しているため，実際に 2^T の値が大きくなるとは，あま
り期待できない．では，一万円払って元が取れる（取り分が一万円を超える）
確率はどのくらいか？

$$2^{13}(= 8192) < 10,000 < 2^{14}(= 16384)$$

だから，元を取るには 14 回目以後に初めて表が出なければならない．した
がって，この賭けで元が取れる確率は

$$P(T \geq 14) = P(T > 13) \overset{(4.7)}{=} 2^{-13} = \frac{1}{8192} = 0.00012\cdots$$

と，ほとんど起こり得ないほど小さい．さらに 100 円以上取り戻せる確率さ
えも（上と同様に）$2^{-6} = 1/64 = 0.015625$．うっかり誘いに乗れば，ほぼ確
実に大損をする．話をまとめると，1) 自体は正しいが，1) から「この賭けは
儲かる」と判断するのは正しくない．これも例 2.1.8 で触れた「期待値を期
待できない」例のひとつである．

▶**問 4.2.1** r-指数分布する確率変数 X に対し $1 + \lfloor X \rfloor$ の分布を求めよ ((0.12)
参照)．

▶**問 4.2.2** 独立確率変数 $X_j : \Omega \to \mathbb{N}$ $(j = 1, 2)$ に対し $X_3 \overset{\text{def}}{=} \max\{X_1, X_2\}$,
$X_4 \overset{\text{def}}{=} \min\{X_1, X_2\}$ とする．このとき，$\rho_j(n) = P(X_j = n)$ $(n \in \mathbb{N}, j =
1, \ldots, 4)$ に対し次を示せ：

$$\begin{aligned}
\rho_3(n) &= \rho_1(n)P(X_2 \leq n) + \rho_2(n)P(X_1 \leq n-1), \\
\rho_4(n) &= \rho_1(n)P(X_2 \geq n+1) + \rho_2(n)P(X_1 \geq n).
\end{aligned} \tag{4.16}$$

▶**問 4.2.3**　問 4.2.2 で X_j が p_j-幾何分布するとする $(j = 1, 2)$. $p = 1 - (1 - p_1)(1 - p_2)$ に対し次を示せ:

$$\rho_3(n) = p_1(1 - p_1)^{n-1} + p_2(1 - p_2)^{n-1} - p(1 - p)^{n-1},$$

$$\rho_4(n) = p(1 - p)^{n-1} \quad (\text{したがって } X_4 \text{ は } p\text{-幾何分布する}).$$

▶**問 4.2.4**　例 4.2.2 で次を示せ: $P(T_\ell = n) = p^\ell (1-p)^{n-\ell} \binom{n-1}{\ell-1}$, $n \geq \ell \geq 1$. なお, このとき $T_\ell - \ell$ は, ℓ 回成功するまでの失敗回数を表し, その分布を**負の** (ℓ, p)-**二項分布**と呼ぶ. 上式から特に $k \in \mathbb{N}$ に対し $P(T_\ell - \ell = k) = p^\ell (1-p)^k \binom{k+\ell-1}{k}$.

▶**問 4.2.5**　$\ell = 2, 3, \ldots,$ $\gamma_\ell = \sum_{j=1}^{\ell-1} \frac{1}{j} - \log \ell$ とする. 以下を示せ.

i)　$\frac{1}{\ell+1} \leq \log(\ell+1) - \log \ell \leq \frac{1}{\ell}$.

ii)　$0 \leq \gamma_{\ell+1} - \gamma_\ell \leq \frac{1}{\ell} - \frac{1}{\ell+1}$.

iii)　γ_ℓ は極限 $\gamma \geq 0$ をもつ. γ を**オイラーの定数**と呼ぶ.

▶**問 4.2.6**　例 4.2.3 で, お菓子を n 個買った時点で, ある特定の恐竜（例えばティラノサウルス）をちょうど k 個持っている確率を求めよ.

▶**問 4.2.7**　例 4.2.3 の $T_{\ell,\ell}$ について次を示せ:
$$\text{var}\, T_{\ell,\ell} = \ell^2 \sum_{k=1}^{\ell-1} \frac{1}{k^2} - \ell \sum_{k=1}^{\ell-1} \frac{1}{k}.$$
（この等式と, よく知られた級数の値: $\sum_{k=1}^{\infty} \frac{1}{k^2} = \frac{\pi^2}{6}$ から $\frac{\text{var}\, T_{\ell,\ell}}{\ell^2} \xrightarrow{\ell \nearrow \infty} \frac{\pi^2}{6}$ がわかる.）

▶**問 4.2.8**　人口が何人以上の町なら, 住民の誕生日に 1 月 1 日から 12 月 31 日までの日付がすべて含まれるか？　例 4.2.3 の考え方で, 一年を 365 日, $\log 365 = 5.90$ として概算せよ.

4.3 ガンマ分布・ベータ分布

ガンマ・ベータ分布（定義 4.3.1, 定義 4.3.4）は確率論，統計学に登場する連続分布の中で，ガウス分布や指数分布についで広い応用をもつ．本節は，特に統計学に現れるさまざまな分布の計算に対する数学的基礎となる．

定義 4.3.1 $a, r > 0$ とする．$(0, \infty)$ 上の連続分布で次の密度をもつものを (r, a)-**ガンマ分布** と呼び，$\gamma_{r,a}$ または $\gamma(r, a)$ と記す：

$$\rho(x) = \frac{r^a}{\Gamma(a)} x^{a-1} e^{-rx}, \ \text{ただし}$$

$$\Gamma(a) = \int_0^\infty y^{a-1} e^{-y} dy \overset{y=rx}{=} r^a \int_0^\infty x^{a-1} e^{-rx} dx. \tag{4.17}$$

なお，上記 $\Gamma(a)$ を**ガンマ関数** と呼ぶ．$\Gamma(a)$ の二つ目の式から (1.17) がわかる．

注 1 $\gamma(r, 1)$ は r-指数分布である．

注 2 今後，しばしばガンマ関数の以下の性質を用いる：

$$\Gamma(a+1) = a\Gamma(a), \quad a > 0, \tag{4.18}$$

$$\Gamma(\tfrac{1}{2}) = \sqrt{\pi}. \tag{4.19}$$

微積分ですでにおなじみと思うが，念のために証明しておく．

$$\Gamma(a+1) = \int_0^\infty x^a e^{-x} \, dx = \underbrace{\left[-x^a e^{-x} \right]_0^\infty}_{=0} + a \underbrace{\int_0^\infty x^{a-1} e^{-x} \, dx}_{=\Gamma(a)},$$

$$\Gamma(\tfrac{1}{2}) = \int_0^\infty y^{-1/2} e^{-y} dy \overset{y=x^2/2}{=} \sqrt{2} \int_0^\infty e^{-x^2/2} dx \overset{(1.24)}{=} \sqrt{\pi}. \qquad \backslash(^\Box^)/$$

次の命題に進む前に補題を用意する．

補題 4.3.2 $X : \Omega \to S$ は密度 ρ をもつ連続確率変数，$\alpha > 0, Y = |X|^{1/\alpha}$ とする．このとき，

a) $S = (0, \infty)$ なら, Y は密度 $\alpha\rho(x^\alpha)x^{\alpha-1}$ をもつ連続確率変数である.

b) $S = \mathbb{R}$, ρ が偶関数なら, Y は密度 $2\alpha\rho(x^\alpha)x^{\alpha-1}$ をもつ連続確率変数である.

証明 a): 区間 $I \subset (0, \infty)$ を任意, 例えば $I = (s, t)$ $(s \le t)$ とする. このとき,

$$P(Y \in I) = P(X \in (s^\alpha, t^\alpha)) = \int_{s^\alpha}^{t^\alpha} \rho(y)dy \overset{y=x^\alpha}{=} \alpha \int_I \rho(x^\alpha)x^{\alpha-1}dx.$$

b): 区間 $I \subset [0, \infty)$ を任意, 例えば $I = (s, t)$ $(s \le t)$ とする. このとき,

$$\begin{aligned} P(Y \in I) &= P(|X| \in (s^\alpha, t^\alpha)) \\ &= 2\int_{s^\alpha}^{t^\alpha} \rho(y)dy \overset{y=x^\alpha}{=} 2\alpha \int_I \rho(x^\alpha)x^{\alpha-1}dx. \qquad \backslash(\verb|^|\square\verb|^|)/ \end{aligned}$$

平均 0 で正規分布する確率変数の二乗はガンマ分布する. すなわち,

命題 4.3.3 確率変数 $X \approx N(0, v)$ に対し $X^2 \approx \gamma(\frac{1}{2v}, \frac{1}{2})$.

証明 X^2 の密度 $\overset{\substack{\text{補題 4.3.2 b)} \\ \text{で } \alpha=1/2}}{=} 2 \cdot \frac{1}{2}\frac{x^{-1/2}}{\sqrt{2\pi v}} \exp\left(-\frac{x}{2v}\right)$

$\overset{(4.19)}{=} \frac{\left(\frac{1}{2v}\right)^{1/2}}{\Gamma(\frac{1}{2})} x^{-1/2} \exp\left(-\frac{x}{2v}\right)$

$\overset{(4.17)}{=} \gamma(\frac{1}{2v}, \frac{1}{2})$ の密度. $\qquad \backslash(\verb|^|\square\verb|^|)/$

定義 4.3.4 $a, b > 0$ とする. $(0,1)$ 上の連続分布で次の密度をもつものを (a,b)-**ベータ分布** と呼び, $\beta_{a,b}$ または $\beta(a,b)$ と記す:

$$\begin{aligned} \rho(x) &= \frac{1}{B(a,b)} x^{a-1}(1-x)^{b-1}, \\ \text{ただし} \quad B(a,b) &= \int_0^1 x^{a-1}(1-x)^{b-1}dx. \end{aligned} \qquad (4.20)$$

なお, 上記 $B(a,b)$ を**ベータ関数** と呼ぶ.

注　$\beta(1,1)$ は $(0,1)$ 上の一様分布である.

命題 4.3.5 確率変数 X, Y が独立，$X \approx \gamma(r,a)$, $Y \approx \gamma(r,b)$ なら，$X+Y$,
$\frac{X}{X+Y}$ は独立，$X+Y \approx \gamma(r, a+b)$, $\frac{X}{X+Y} \approx \beta(a,b)$.

注　次の公式がよく知られている:

$$B(a,b) = \frac{\Gamma(a)\Gamma(b)}{\Gamma(a+b)}. \tag{4.21}$$

以下でわかるように，命題 4.3.5 の証明は上の公式の証明も含む.

証明　区間 $I \subset (0,\infty)$, $J \subset (0,1)$ を任意とし，次を言えばよい(定義 3.1.4
参照):

1)　　$P\left((X+Y, \frac{X}{X+Y}) \in I \times J\right) = \gamma_{r,a+b}(I)\beta_{a,b}(J).$

$z > 0$, $zJ = \{zy \,;\, y \in J\}$ とおくと，

2)　　$\displaystyle\int_{zJ} x^{a-1}(z-x)^{b-1}dx \overset{x=zy}{=} z^{a+b-1}\int_J y^{a-1}(1-y)^{b-1}dy$

$$= z^{a+b-1}B(a,b)\beta_{a,b}(J).$$

さらに次を示そう:

3)　　1) の左辺 $= c\,\gamma_{r,a+b}(I)\beta_{a,b}(J)$,　ただし　$c = \dfrac{B(a,b)\Gamma(a+b)}{\Gamma(a)\Gamma(b)}$.

3) を示すには $D = \{(x,y) \in (0,\infty)^2 \,;\, (x+y, \frac{x}{x+y}) \in I \times J\}$ とし，X, Y の独
立性を (3.6) の形で用いる [31]:

$$1) の左辺 = P((X,Y) \in D)$$

$$\overset{(3.6)}{=} \frac{r^{a+b}}{\Gamma(a)\Gamma(b)} \int_D x^{a-1}y^{b-1}e^{-(x+y)r}dxdy$$

$$\overset{z=x+y}{=} \frac{r^{a+b}}{\Gamma(a)\Gamma(b)} \int_I e^{-zr}dz \int_{zJ} x^{a-1}(z-x)^{b-1}dx$$

---

[31] 定義 3.1.4 直後の注参照.

$$\overset{2)}{=}\quad \frac{B(a,b)r^{a+b}}{\Gamma(a)\Gamma(b)}\int_I z^{a+b-1}e^{-zr}dz\beta_{a,b}(J)$$

$$=\quad c\,\gamma_{r,a+b}(I)\beta_{a,b}(J).$$

$I=(0,\infty)$, $J=(0,1)$ とすると，1) の左辺 $=\gamma_{r,a+b}(I)=\beta_{a,b}(J)=1$. したがって 3) より，$c=1$（すなわち (4.21)）がわかり，1) を得る．　　\\(^□^)/

例 4.3.6（ポアソン過程）　r-指数分布する iid $\tau_1,\tau_2,\ldots$ に対し

$$N_t=\sup\{n\in\mathbb{N}\,;\,\tau_1+\cdots+\tau_n\le t\},\ \ t\ge 0 \tag{4.22}$$

を径数 r の**ポアソン過程**と呼ぶ．あるサッカーの試合で，$1/r$ 分に一度の割合でゴールが決まるとする．ゴールの間隔を指数分布とすると時刻 $\tau_1+\cdots+\tau_n$ に n ゴール目が入る．したがって，時刻 t までのゴール数が N_t で表せる．

次を示そう：

1)　$P(N_t=n)=\dfrac{e^{-rt}(rt)^n}{n!}$，つまり $N_t\approx rt$-ポアソン分布．

そのためには次を言えばよい：

2)　$P(N_t\ge n)=e^{-rt}\displaystyle\sum_{m=n}^{\infty}\frac{(rt)^m}{m!}.$

また，$n=0$ なら 2) は 両辺$=1$ で成立するので，以下では $n\ge 1$ とする．いま，r-指数分布は $\gamma(r,1)$ だから

$$\tau_1+\cdots+\tau_n\overset{\text{命題 4.3.5}}{\approx}\gamma(r,n). \tag{4.23}$$

ゆえに
$$P(N_t\ge n)\overset{N_t\ \text{の定義}}{=}P(\tau_1+\cdots+\tau_n\le t)$$
$$\overset{(4.23)}{=}\frac{r^n}{(n-1)!}\int_0^t x^{n-1}e^{-xr}dx$$
$$\overset{x=y/r}{=}\frac{1}{(n-1)!}\int_0^{rt}y^{n-1}e^{-y}dy.$$

したがって，次式（で $s=rt$ としたもの）から 2) が出る．

3) $\dfrac{1}{(n-1)!}\displaystyle\int_0^s y^{n-1}e^{-y}dy = e^{-s}\sum_{m=n}^{\infty}\dfrac{s^m}{m!},\quad s\geq 0.$

3) の証明は次のとおり．左辺，右辺をそれぞれ $f(s)$, $g(s)$ とする．このとき，
$f(0) = g(0) = 0$（$n \geq 1$ に注意）．また，

$$g'(s) = -e^{-s}\sum_{m=n}^{\infty}\frac{s^m}{m!} + e^{-s}\sum_{m=n}^{\infty}\frac{s^{m-1}}{(m-1)!} = e^{-s}\frac{s^{n-1}}{(n-1)!} = f'(s)$$

（ベキ級数は収束半径内で項別微分できる）．よって $f \equiv g$.   \(^□^)/

▶ **問 4.3.1** 確率変数 $X \approx \gamma(r,a)$ に対し $X/c \approx \gamma(cr,a)$ $(c > 0)$ を示せ．

▶ **問 4.3.2** 以下を示せ：確率変数 $X \approx \gamma(r,a)$ に対し，

$$E(X^p) = \frac{\Gamma(a+p)}{r^p\Gamma(a)},\quad p \geq 0,\quad EX = a/r,\quad \mathrm{var}\,X = a/r^2. \tag{4.24}$$

▶ **問 4.3.3** $p \geq 0$，および確率変数 $X \approx N(0,v)$ に対し
$E(|X|^p) = (2v)^{p/2}\dfrac{\Gamma\left(\frac{p+1}{2}\right)}{\sqrt{\pi}}$ を示せ．

▶ **問 4.3.4** 次を示せ：$B(a+1,b) = \dfrac{a}{a+b}B(a,b)$, $a,b > 0$.

▶ **問 4.3.5** 確率変数 $X \approx \beta(a,b)$ に対し $EX = \dfrac{a}{a+b}$, $\mathrm{var}\,X = \dfrac{ab}{(a+b)^2(a+b+1)}$
を示せ．

▶ **問 4.3.6** 通りでタクシーを待つ際，待ち始めてから n 台目が通りかかるまでの待ち時間は $\tau_1 + \cdots + \tau_n$，最初から T 台目に通りかかったタクシーが初めて空車とする．確率変数 $T, \tau_1, \tau_2, \ldots$ は独立で，T は p-幾何分布，τ_j は r-指数分布するとき，タクシーに乗れるまでの待ち時間 $\tau_1 + \cdots + \tau_T$ の分布を求めよ．

▶**問 4.3.7** (⋆) p-幾何分布する iid $\{\tau_\ell\}_{\ell \geq 1}$ に対し X_n, S_n $(n \geq 1)$ を次のように定める：

$$X_n = \begin{cases} 1, & n \in \{T_\ell\}_{\ell \geq 1} \\ 0, & n \notin \{T_\ell\}_{\ell \geq 1} \end{cases}, \quad \text{ただし} \ T_0 \equiv 0, \ T_\ell = \tau_1 + \cdots + \tau_\ell, \ \ell \geq 1,$$

$$S_n = \max\{\ell \in \mathbb{N}, \ T_\ell \leq n\} = X_1 + \cdots + X_n. \tag{4.25}$$

このとき，$X_1, X_2, \ldots$ は $(1, p)$-二項分布する iid であることを示し，そこから S_n は (n, p)-二項分布することを結論せよ (例 4.1.1)．なお，(4.22), (4.25) を見比べると，後者が前者の「離散化」になることがわかる．

4.4 その他の計算例

例 4.4.1 (記録更新) あるプレイボーイ（プレイガール）が，その華麗な生涯に出会う恋人を，何らかの基準で $X_1, X_2, \ldots$ と得点づけ，各 $n \geq 1$ に対し

$$n \text{ 人目の恋人が最初の } n \text{ 人中 } Y_n \text{ 位（得点の高い順）}$$

とする ($Y_1 \equiv 1$)．$X_1, X_2, \ldots$ が iid かつ連続分布とするとき，次が成立する：

1) $Y_n, n \geq 2$ は独立かつ $P(Y_n = s) = 1/n, \ s = 1, \ldots, n.$

1) を認めると，以下のようなことがわかる：初恋の相手（の得点）を初めて超えるのが $Z (\geq 2)$ 人目の恋人とすると

$$\{Z = n\} = \{Y_2 \neq 1\} \cap \cdots \cap \{Y_{n-1} \neq 1\} \cap \{Y_n = 1\}.$$

よって
$$P(Z = n) \overset{1)}{=} \underbrace{P(Y_2 \neq 1)}_{=1/2} \cdots \underbrace{P(Y_{n-1} \neq 1)}_{=(n-2)/(n-1)} \underbrace{P(Y_n = 1)}_{=1/n}$$
$$= \frac{(n-2)!}{n!} = \frac{1}{(n-1)n} = \frac{1}{n-1} - \frac{1}{n}. \tag{4.26}$$

したがって n 人目の恋人と出会ってもなお，初恋の相手が一番である確率は

$$P(Z > n) = \sum_{k=n+1}^{\infty} \left(\frac{1}{k-1} - \frac{1}{k} \right) = \frac{1}{n}.$$

この確率の $n \to \infty$ での減衰は，幾何分布やポアソン分布等の典型的な分布に比べて極めて遅い（初恋は忘れ難い？）．また，(4.26) から $EZ = \infty$ もわかる（問 4.4.1）．

    以下，1) を示す．そのためには，$s_j \in \{1, \ldots, j\}$ $(2 \le j \le n)$ を任意にとり次を言えばよい（問 3.1.2 参照）．

2) $P\left(\bigcap_{j=2}^{n} \{Y_j = s_j\} \right) = \frac{1}{n!}.$

分布の連続性から

$$P(X_i = X_j \text{ となる } i < j \text{ が存在する}) = 0.$$

ゆえに

3) $X_1, X_2, \ldots$ の値はすべて相異なる

と見なせる．いま $1, \ldots, n$ の並べ替え $\sigma = (\sigma(1), \ldots, \sigma(n))$ に対し

$$A_\sigma = \{X_{\sigma(1)} > X_{\sigma(2)} > \cdots > X_{\sigma(n)}\}$$

とする．$X_1, X_2, \ldots$ は iid だから A_σ の確率はどの並べ替え σ でも同じ．また，並べ替えが全部で $n!$ 個あることと 3) から

4) $P(A_\sigma) = \frac{1}{n!}.$

いま，2) で選んだ $s_2, \ldots, s_n$ に対し $1, \ldots, n$ の並べ替え σ がひとつ決まり，

5) $\bigcap_{j=2}^{n} \{Y_j = s_j\} = A_\sigma.$

実際, $Y_2 = s_2$ により X_1, X_2 の大小が決まる. また, $Y_2 = s_2, Y_3 = s_3$ により X_1, X_2, X_3 の順序が決まる. これを順次繰り返し 5) を得る. 4)–5) より 2) を得る. \(^□^)/

例 4.4.2 (⋆) (順序統計量) $X_1, \ldots, X_n$ を実数値連続確率変数とする. このとき, 例 4.4.1 と同様に $X_1, \ldots, X_n$ の値はすべて相異なると見なせる. したがって

$$X_{n,j} = X_1, \ldots, X_n \text{ のうち } j \text{ 番目に小さいもの, } j = 1, \ldots, n$$

が定まり, これを**順序統計量**と呼ぶ. 特に $X_1, \ldots, X_n$ が $(0,1)$ に一様分布する iid, さらに $\tau_1, \ldots, \tau_{n+1}$ は 1-指数分布する iid とすると, 次の意外な関係が成立する:

$$(X_{n,1}, \ldots, X_{n,n}) \approx \left(\frac{T_1}{T_{n+1}}, \ldots, \frac{T_n}{T_{n+1}} \right), \quad \text{ただし } T_j = \tau_1 + \cdots + \tau_j. \tag{4.27}$$

(4.27) と命題 4.3.5 より次もわかる:

$$X_{n,j} \approx \beta(j, n+1-j), \quad j = 1, \ldots, n. \tag{4.28}$$

(4.27) を示すには, 任意の区間 $I = I_1 \times \cdots \times I_n \subset (0,1)^n$ に対し次を言えばよい:

1) $\quad P\left((X_{n,1}, \ldots, X_{n,n}) \in I \right) = P\left(\left(\frac{T_1}{T_{n+1}}, \ldots, \frac{T_n}{T_{n+1}} \right) \in I \right).$

そのために記号を導入する:

$$\triangle_n = \{ x \in (0,\infty)^n ; x_1 < x_2 < \cdots < x_n \}.$$

$\sigma = (\sigma(1), \ldots, \sigma(n))$ は $(1, \ldots, n)$ の並べ替え, $\sum_\sigma$ はそれら並べ替え全体にわたる和とする. このとき

$$
\mathbf{2)} \quad
\begin{cases}
P((X_{n,1}, \ldots, X_{n,n}) \in I) \\
\qquad \overset{(1.2)}{=} \ \sum_{\sigma} P\left(X_{\sigma(1)} < \cdots < X_{\sigma(n)}, \ (X_{\sigma(1)}, \ldots, X_{\sigma(n)}) \in I\right) \\
\qquad \overset{\triangle_n \text{ の定義}}{=} \ \sum_{\sigma} P\left((X_{\sigma(1)}, \ldots, X_{\sigma(n)}) \in \triangle_n \cap I\right) \\
\qquad \overset{(3.6)}{=} \ n! \int_{\triangle_n \cap I} dx_1 \cdots dx_n.
\end{cases}
$$

一方,

$$
A = \left\{ s \in (0, \infty)^{n+1} \ ; \ \left(\frac{s_1 + \cdots + s_j}{s_1 + \cdots + s_{n+1}} \right)_{j=1}^{n} \in I \right\},
$$

$$
B = \left\{ t \in \triangle_{n+1} \ ; \ \left(\frac{t_j}{t_{n+1}} \right)_{j=1}^{n} \in I \right\}
$$

とし, 変数 $s, t \in (0, \infty)^{n+1}$ を $t_i = s_1 + \cdots + s_i \ (i = 1, \ldots, n+1)$ で関係づけると

$$
\mathbf{3)} \quad s \in A \iff t \in B \iff t_{n+1} > 0, \ (t_1, \ldots, t_n) \in \triangle_n \cap t_{n+1} I,
$$

$$
\mathbf{4)} \quad \det\left(\frac{\partial t_i}{\partial s_j} \right) = \det
\begin{pmatrix}
1 & 0 & \ldots & & 0 \\
1 & 1 & 0 & \ldots & 0 \\
& & \cdots\cdots\cdots & & \\
1 & 1 & & \ldots & 1
\end{pmatrix}
= 1.
$$

以上から, 次のようにして 1) を得る:

$$
P\left(\left(\frac{T_1}{T_{n+1}}, \ldots, \frac{T_n}{T_{n+1}} \right) \in I \right) \overset{A \text{ の定義}}{=} P\left((\tau_1, \ldots, \tau_{n+1}) \in A \right)
$$

$$
\overset{(3.6)}{=} \int_A e^{-(s_1 + \cdots + s_{n+1})} ds_1 \cdots ds_{n+1}
$$

$$
\overset{3)-4)}{=} \int_B e^{-t_{n+1}} dt_1 \cdots dt_{n+1}
$$

$$
\overset{3)}{=} \int_0^\infty e^{-t_{n+1}} dt_{n+1} \int_{\triangle_n \cap t_{n+1} I} dt_1 \cdots dt_n
$$

$$\overset{\substack{t_i = t_{n+1}u_i, \\ i=1,\ldots,n}}{=\!\cdots} \underbrace{\int_0^\infty e^{-t_{n+1}}(t_{n+1})^n dt_{n+1}}_{=n!} \int_{\triangle_n \cap I} du_1 \cdots du_n$$

$$\overset{2)}{=} \quad P\left((X_{n,1},\ldots,X_{n,n}) \in I\right). \qquad \backslash(^\wedge{}_\square{}^\wedge)/$$

▶問 **4.4.1** 例 4.4.1 で述べた確率変数 Z について $EZ = \infty$ を示せ.

▶問 **4.4.2** 例 4.4.1 で $S_n = \sum_{j=1}^n \mathbf{1}_{\{Y_j=1\}}$ （最初の n 人の中で記録を更新した人数）とするとき，次を示せ：

$$\operatorname{var} S_n \le ES_n = \sum_{j=1}^n \frac{1}{j} \le \log n + C \quad （C は n に無関係な定数）.$$

▶問 **4.4.3** ($\star$) 記号は例 4.4.2 のとおりとする．問 4.1.5 と，$p \in (0,1)$ に対し

$$X_{n,j} \le p \iff S_n \overset{\text{def}}{=} \mathbf{1}_{\{X_1 \le p\}} + \cdots + \mathbf{1}_{\{X_n \le p\}} \ge j$$

であることを用いて (4.28) を別証明せよ.

極 限 定 理

賭けにおける勝ち数，サッカーの試合で決まるゴール数，… 等々は偶然性を伴うため，個々の結果を前もって言い当てることはできない．ひと言で言えば「わけわからん」ものである．しかし，試行回数を重ねると，それらの偶然性を支配する法則が浮かびあがる．「わけわからん」ものが積み重なると，なぜか厳然たる法則が出現するという逆説は神秘的だ．

偶然性を支配する法則を 試行回数 $\to \infty$ の極限として数学的に捉える定理は，極限定理と総称され，確率論の醍醐味でもある．本章では，極限定理のうち代表的なものを紹介する．神秘の世界へようこそ $(^{\wedge}{}_{\bigtriangledown}{}^{-})\mathsf{v}$

5.1 二項分布の極限——少数の法則とド・モアブルの定理

以下で次の記号を用いる： 数列 $a_n, b_n \in \mathbb{R}\backslash\{0\}$ に対し，

$$a_n \sim b_n \quad \overset{\text{def}}{\Longleftrightarrow} \quad \lim_{n\to\infty} \frac{a_n}{b_n} = 1. \tag{5.1}$$

補題 5.1.1 実数列 a_n, b_n が $a_n \to 0$, $a_n^3 b_n \to 0$ を満たすとき，

$$(1+a_n)^{b_n} \sim \exp\left(\left(a_n - \frac{a_n^2}{2}\right)b_n\right). \tag{5.2}$$

特に $a_n b_n \to c \in \mathbb{R}$ なら，

$$(1+a_n)^{b_n} \longrightarrow e^c. \tag{5.3}$$

証明　$\log(1+x)$ のテイラー展開より, $|x|$ が十分小さいとき,

$$\log(1+x) = x - \frac{x^2}{2} + \varepsilon(x), \quad |\varepsilon(x)| \leq 2x^3.$$

したがって, n が十分大きいとき,

$$b_n \log(1+a_n) = \left(a_n - \frac{a_n^2}{2}\right) b_n + \varepsilon(a_n) b_n, \quad \varepsilon(a_n) b_n \longrightarrow 0.$$

上式より (5.2) を得る. 次に $a_n b_n \to c \in \mathbb{R}$ とする. このとき, $a_n^2 b_n \to 0$.
したがって, (5.2) より (5.3) を得る.　　　　　　　　　　　　　　　　　\\(^□^)/

定理 5.1.2（少数の法則）$n \to \infty, p \to 0, np \to c > 0$ のとき,

$$\binom{n}{k} p^k (1-p)^{n-k} \longrightarrow \frac{e^{-c} c^k}{k!}, \quad k \in \mathbb{N}. \tag{5.4}$$

(5.4) の意味：勝率 p の賭けを n 回繰り返す際, 試行数 n は大きいが, 勝率 p が小さく, 勝ち数の平均 np はそれほど大きくないとする. こうした状況の数学的表現は np を漸近的に一定 $(np \to c > 0)$ としつつ $n \to \infty, p \to 0$ の極限をとって得られる. 定理 5.1.2 によると, このとき, ちょうど k 勝する確率 ((5.4) 左辺) は c-ポアソン分布 ((5.4) 右辺) で近似できる. これが, 大量観察した（n が大）稀事象（p が小）の数がポアソン分布すると見なせる理由である. 有限の n, 正の p で近似 (5.4) が十分よいためのひとつの目安は $np \leq 5$ と言われる. したがって, この範囲で

$$(n,p)\text{-二項分布} \overset{\text{ほぼ}}{=} np\text{-ポアソン分布}.$$

これが例 4.1.1 で, $(n,p) = (24, 1/8)$ の場合の棒グラフが 3-ポアソン分布のそれに似ている理由である.

証明　$\displaystyle \binom{n}{k} p^k (1-p)^{n-k} = \frac{1}{k!} \underbrace{n(n-1)\cdots(n-k+1)p^k}_{(1)} \underbrace{(1-p)^{n-k}}_{(2)}.$

$n \to \infty, np \to c$ より　$(1) = \left(1 - \dfrac{1}{n}\right) \cdots \left(1 - \dfrac{k-1}{n}\right)(np)^k \longrightarrow c^k,$

$p \to 0, np \to c$ より　$(2) = (1-p)^n (1-p)^{-k} \overset{(5.3)}{\longrightarrow} e^{-c}.$

以上より結論を得る. \(^□^)/

例 5.1.3(近似 **(5.4)** の精度): $p = \frac{1}{12}$, $n = 24$ なら (5.4) 左辺は,自分以外の 24 人中に,自分と同じ星座の人が k 人いる確率を表す.p の小ささ,n の大きさがこの程度でも,$c = pn = 2$ に対する近似 (5.4) の精度はかなりよい(表参照).$p = \frac{1}{365}$, $n = 730$ なら (5.4) 左辺は,自分以外の 730 人中に,自分と同じ誕生日の人が k 人いる確率だが,$c = pn = 2$ に対し (5.4) の両辺はほとんど区別がつかないくらい近い.

表 5: (5.4) 両辺の比較

k	0	1	2	3	4	5	6	7
左辺 ($p=1/12$, $n=24$)	.124	.270	.283	.188	.090	.033	.009	.002
左辺 ($p=1/365$, $n=730$)	.135	.271	.271	.181	.0902	.0360	.0120	.004
右辺 ($c=2$)	.135	.271	.271	.180	.0902	.0361	.0120	.0034

例 5.1.4(「おまけ集め」への応用) 例 4.2.3 で,お菓子を n 個買った時点までに入手した,特定の恐竜(例えばティラノサウルス)の個数を $S_{\ell,n}$ とする.さらに $n, \ell \to \infty$, $n/\ell \to c > 0$,すなわち,買ったお菓子の個数 n,恐竜の種類 ℓ は共に十分多く,前者は後者の約 c 倍とする.このとき,

$$P\left(S_{\ell,n} = k\right) \overset{\text{問 4.2.6}}{=} \binom{n}{k}\left(\frac{1}{\ell}\right)^k \left(1 - \frac{1}{\ell}\right)^{n-k} \overset{\text{定理 5.1.2}}{\longrightarrow} \frac{e^{-c}c^k}{k!}, \quad k \in \mathbb{N}.$$

つまり,$S_{\ell,n}$ は漸近的に c-ポアソン分布する($p = 1/\ell$ とおくと $np \to c$ となり,定理 5.1.2 が適用可).

次の補題は微積分学でおなじみだが,確率論の極限定理とも深い関わりがある.証明は本節末の補足で述べる.

補題 5.1.5(スターリングの公式)

$$n! \sim \sqrt{2\pi n}\left(\frac{n}{e}\right)^n. \tag{5.5}$$

次に述べるド・モアブルの定理（定理 5.1.6）は，少数の法則（定理 5.1.2）と同様，(n,p)-二項分布する確率変数が値 k をとる確率の $n \to \infty$ における漸近挙動を記述する．少数の法則では k を固定し $p \to 0$ とするのに対し，ド・モアブルの定理では，p を固定し k を np に近い速さで大きくする．

定理 5.1.6（ド・モアブルの定理[32]）　$0 < p < 1$, $n,k \to \infty$, $\frac{k-np}{n^{2/3}} \to 0$ のとき，

$$\binom{n}{k} p^k (1-p)^{n-k} \sim \frac{1}{\sqrt{2\pi vn}} \exp\left(-\frac{(k-np)^2}{2vn}\right), \quad \text{ただし} \ \ v = p(1-p).$$
$$(5.6)$$

(5.6) の意味：(5.6) は

$$\binom{n}{k} p^k (1-p)^{n-k} \ \text{は} \ \frac{1}{\sqrt{2\pi vn}} \exp\left(-\frac{(k-np)^2}{2vn}\right) \ \text{に近い,}$$

という意味になる．pn, $(1-p)n$ が共に大きい（目安は $pn > 5$, $(1-p)n > 5$）とき，有限の n でも上の近似はよいと言われている．したがってこの範囲で

$$(n,p)\text{-二項分布} \overset{\text{ほぼ}}{=} N(np, vn).$$

これが，例 4.1.1 で $(n,p) = (20, 1/2)$ の棒グラフが正規分布に近い理由である．

証明　$q = 1-p$ とする．$n, k \to \infty$ だから，

$$
1) \ \begin{cases}
\text{(5.6) の左辺} \ = \ \dfrac{n!}{k!(n-k)!} p^k q^{n-k} \\[2mm]
\qquad\qquad \overset{(5.5)}{\sim} \ \dfrac{1}{\sqrt{2\pi}} \dfrac{\sqrt{n}\, n^n}{\sqrt{k}\, k^k \sqrt{(n-k)}(n-k)^{n-k}} p^k q^{n-k} = a_{n,k} b_{n,k},
\end{cases}
$$

ただし，$a_{n,k} = \sqrt{\dfrac{n}{2\pi k(n-k)}}$, $b_{n,k} = \dfrac{n^n}{k^k(n-k)^{n-k}} p^k q^{n-k}$. また $\dfrac{k}{n} \to p$ より，

---

[32] (5.6) はド・モアブルにより示され (1733)，著書 "The Doctorine of Chance" (1738) にも収められた.

2) $\quad \dfrac{1}{a_{n,k}} = \sqrt{\dfrac{2\pi k(n-k)}{n}} = \sqrt{2\pi n \cdot \dfrac{k}{n}\left(1 - \dfrac{k}{n}\right)} \sim \sqrt{2\pi n v}.$

一方, $y = \dfrac{k-np}{\sqrt{n}}$ とおくと $k = np + y\sqrt{n}$, $n - k = nq - y\sqrt{n}$. したがって,

3) $\quad \dfrac{1}{b_{n,k}} = \left(\dfrac{k}{np}\right)^k \left(\dfrac{n-k}{nq}\right)^{n-k}$

$\qquad\qquad = \left(1 + \dfrac{y}{p\sqrt{n}}\right)^{np+y\sqrt{n}} \left(1 - \dfrac{y}{q\sqrt{n}}\right)^{nq-y\sqrt{n}}$

3) 右辺のそれぞれの因子に (5.2) を適用する. まず最初の因子について, (5.2) 右辺の $\exp(\cdot)$ の中身にあたる部分を計算すると ($a_n = \frac{y}{p\sqrt{n}}, b_n = np + y\sqrt{n}$):

$$\left(\dfrac{y}{p\sqrt{n}} - \dfrac{y^2}{2p^2 n}\right)(np + y\sqrt{n}) = y\sqrt{n} + \dfrac{y^2}{2p} - \dfrac{y^3}{2p^2\sqrt{n}}.$$

上式右辺の第三項は $n \to \infty$ で消えるから, (5.2) より,

4) $\quad \left(1 + \dfrac{y}{p\sqrt{n}}\right)^{np+y\sqrt{n}} \overset{(5.2)}{\sim} \exp\left(y\sqrt{n} + \dfrac{y^2}{2p}\right).$

同様に

5) $\quad \left(1 - \dfrac{y}{q\sqrt{n}}\right)^{nq-y\sqrt{n}} \overset{(5.2)}{\sim} \exp\left(-y\sqrt{n} + \dfrac{y^2}{2q}\right).$

3)–5) より

6) $\quad \dfrac{1}{b_{n,k}} \sim \exp\left(\dfrac{y^2}{2p} + \dfrac{y^2}{2q}\right) = \exp\left(\dfrac{y^2}{2v}\right).$

1), 2), 6) より (5.6) を得る. $\hfill \backslash(\text{\^{}}\square\text{\^{}})/$

例 5.1.7(ランダムウォーク:酩酊したお父さんの行方は?) $X_1, X_2, \dots$ を $\mathbb{R}^d$-値の iid, 各 X_j は, 次の $2d$ 個の値:

$$(\pm 1, 0, \dots, 0), \ (0, \pm 1, 0, \dots, 0), \ \dots, \ (0, \dots, 0, \pm 1)$$

を等確率 $\frac{1}{2d}$ でとるとする. このとき,

$$S_n \overset{\text{def}}{=} X_1 + \cdots + X_n, \ n = 1, 2, \dots$$

は各 n に対し d-次元の格子：

$$\mathbb{Z}^d = \{x = (x_1,\ldots,x_d)\,;\, x_j \in \mathbb{Z}\}$$

に値をとる確率変数であり，これを d-次元ランダムウォークと呼ぶことにする．d 次元の格子を一歩ずつ歩くと考えると，X_n は n 歩目の変位，S_n は n 歩目の位置を表す．仮定より各変位 $X_1, X_2,\ldots$ は独立かつ全方向（$d=1$ なら左右，$d=2$ なら東西南北，…）に等確率である．したがって，ランダムウォークはさながら酩酊の末に方向感覚を失ったお父さんの千鳥足を表している …．$(*^{\sim}{}_{\triangle}{}^{\sim}*)$ノ 部長が何だっつーの, コノヤロ.

酩酊したお父さんの行方（正確には d-次元ランダムウォーク S_n の $n \to \infty$ での挙動）には次元 d に応じ，次のような違いがあることが知られている[33]：

$$\left.\begin{array}{ll} P(S_{2n}=0 \text{ なる } n \text{ が無限個存在する}) = 1, & d = 1,2, \\ P(|S_n| \overset{n\to\infty}{\longrightarrow} \infty) = 1, & d \geq 3. \end{array}\right\} \quad (5.7)$$

(5.7) と地上が 2 次元であることから，お父さんは出発点の居酒屋に無限回戻る（もし地上が 3 次元なら，お父さんは失踪する）．ランダムウォークの性質 (5.7) は，$d = 1,2$ の場合が**再帰性**，$d \geq 3$ の場合が**過渡性**と呼ばれる．実は (5.7) におけるランダムウォークの挙動の次元による差異は，次の級数の発散・収束の次元による差異に還元される：

$$\sum_{n \geq 1} P(S_{2n}=0) \begin{cases} = \infty, & d = 1,2, \\ < \infty, & d \geq 3. \end{cases} \quad (5.8)$$

実際，(5.8) に，簡単な議論 (例えば [舟木, 7.5.1 節]) をつけ足すと (5.7) が得られる．そこで，ここでは確率 $P(S_{2n}=0)$ の $n \to \infty$ における漸近挙動を評価し，(5.8) を示す．

---

[33] ポーヤによる結果 (1921).

• $d = 1$ のとき，$\{S_{2n} = 0\} = \{X_1, \ldots, X_{2n}$ のうち ± 1 がそれぞれ n 個ずつ$\}$ より

$$P(S_{2n} = 0) = \binom{2n}{n}\left(\frac{1}{2}\right)^{2n} \overset{(5.6)}{\sim} \frac{1}{\sqrt{\pi n}}. \tag{5.9}$$

• $d = 2$ のとき，$\{S_{2n} = 0\}$ は次のように言い換えられる：

$$\bigcup_{k=0}^{n} \left\{ \begin{array}{l} X_1, \ldots, X_{2n} \text{ のうち } (\pm 1, 0) \text{ がそれぞれ } k \text{ 個ずつ,} \\ (0, \pm 1) \text{ がそれぞれ } n - k \text{ 個ずつ} \end{array} \right\}.$$

したがって，

$$P(S_{2n} = 0) = \left(\frac{1}{4}\right)^{2n} \sum_{k=0}^{n} \frac{(2n)!}{k!k!(n-k)!(n-k)!} = \left(\frac{1}{4}\right)^{2n}\binom{2n}{n}\sum_{k=0}^{n}\binom{n}{k}^2$$

$$\overset{(4.3)}{=} \left(\frac{1}{2}\right)^{4n}\binom{2n}{n}^2 \overset{(5.9)}{\sim} \frac{1}{\pi n}. \tag{5.10}$$

一方，すべての d で次が言える（本節末の補足）：

$$P(S_{2n} = 0) \leq \frac{c}{n^{d/2}}, \quad (c \text{ は } n \text{ に無関係な定数}). \tag{5.11}$$

(5.9)–(5.11) から (5.8) を得る．

補足 ($\star$)：補題 5.1.5 の証明 $k \in \mathbb{Z}$ に対し

1) $\quad \dfrac{1}{2\pi}\displaystyle\int_{-\pi}^{\pi} e^{i\theta k}d\theta = \delta_{0,k}.$

一方，$\sum_{n \geq 0}|\rho(n)| < \infty$ を満たす数列 $(\rho(n))_{n \geq 0}$ に対しフーリエ級数：

$$\widehat{\rho}(\theta) \overset{\text{def}}{=} \sum_{k \geq 0} e^{i\theta k}\rho(k), \quad \theta \in \mathbb{R}$$

は θ について一様に絶対収束する．そこで上式両辺に $\dfrac{e^{-i\theta n}}{2\pi}$ を乗じた後に，$\theta \in [-\pi, \pi]$ で積分すると 1) より

2) $\quad \rho(n) = \dfrac{1}{2\pi}\displaystyle\int_{-\pi}^{\pi} e^{-i\theta n}\widehat{\rho}(\theta)d\theta.$

ここで，特に $\rho_c(n) = \dfrac{e^{-c}c^n}{n!}$ $(c > 0)$ に対し，

3)　　$\widehat{\rho_c}(\theta) = e^{-c} \displaystyle\sum_{k \geq 0} \dfrac{(ce^{\mathbf{i}\theta})^k}{k!} = \exp\left(c(e^{\mathbf{i}\theta} - 1)\right).$

したがって

4)　　$\rho_c(n) \overset{2),3)}{=} \dfrac{1}{2\pi} \displaystyle\int_{-\pi}^{\pi} \exp\left(-\mathbf{i}\theta n + c(e^{\mathbf{i}\theta} - 1)\right) d\theta.$

そこで $q(\theta) = 1 + \mathbf{i}\theta - e^{\mathbf{i}\theta}$ とおくと，

5)　$\begin{cases} \dfrac{\sqrt{n}}{n!}\left(\dfrac{n}{e}\right)^n &= \sqrt{n}\,\rho_n(n) \overset{4)}{=} \dfrac{\sqrt{n}}{2\pi}\displaystyle\int_{-\pi}^{\pi}\exp\left(-nq(\theta)\right)d\theta \\[2mm] &= \dfrac{1}{2\pi}\displaystyle\int_{-\pi\sqrt{n}}^{\pi\sqrt{n}}\exp\left(-nq\left(\dfrac{\theta}{\sqrt{n}}\right)\right)d\theta. \end{cases}$

いま，$e^{\mathbf{i}\theta} = 1 + \mathbf{i}\theta - \dfrac{\theta^2}{2} + \varepsilon(\theta)$, $|\varepsilon(\theta)| \leq |\theta|^3$ より $nq\left(\dfrac{\theta}{\sqrt{n}}\right) \overset{n \to \infty}{\longrightarrow} \dfrac{\theta^2}{2}$. したがって，

6)　　$\dfrac{1}{2\pi}\displaystyle\int_{-\pi\sqrt{n}}^{\pi\sqrt{n}}\exp\left(-nq\left(\dfrac{\theta}{\sqrt{n}}\right)\right)d\theta \overset{n\to\infty}{\longrightarrow} \dfrac{1}{2\pi}\int_{-\infty}^{\infty}\exp\left(-\dfrac{\theta^2}{2}\right)d\theta$

$$\overset{(1.24)}{=} \dfrac{1}{\sqrt{2\pi}}.$$

5), 6) より (5.5) を得る．なお，6) の極限操作は，例えば次のように正当化できる．初等的不等式：$1 - \cos\theta \geq \dfrac{2\theta^2}{\pi^2}$ $(|\theta| \leq \pi)$ より

$$\left|\exp\left(-nq\left(\dfrac{\theta}{\sqrt{n}}\right)\right)\right| = \exp\left(-n\left(1 - \cos\dfrac{\theta}{\sqrt{n}}\right)\right)$$
$$\leq \exp\left(-\dfrac{2\theta^2}{\pi^2}\right), \quad |\theta| \leq \pi\sqrt{n}.$$

被積分関数が n に無関係な可積分関数で評価できたので，ルベーグ積分論の優収束定理 ([吉田 2, 定理 2.4.1])，または広義リーマン積分に対する類似の定理を適用できる．　　　　　　　　　　　　　　　　　　　　　　\\(^□^)/

補足 (⋆)：(5.11) の証明　任意の $k = 1, \ldots, d$ に対し，$P(S_{2n} = 0) \overset{\text{問 5.1.3}}{\leq} (2d)^{2d}P(S_{2(n+k)} = 0)$. したがって $m \overset{\text{def}}{=} n/d \in \mathbb{N}$ の場合に示せば十分．

$d = 2$ で $P(S_{2n} = 0)$ を求めた考え方を一般化すると,

$$P(S_{2n} = 0) = \left(\frac{1}{2d}\right)^{2n} \sum_{\substack{k_1, \ldots, k_d \in \mathbb{N} \\ k_1 + \cdots + k_d = n}} \frac{(2n)!}{(k_1! \cdots k_d!)^2}$$

$$= \left(\frac{1}{2d}\right)^{2n} \frac{(2n)!}{n!} \sum_{\substack{k_1, \ldots, k_d \in \mathbb{N} \\ k_1 + \cdots + k_d = n}} \frac{n!}{(k_1! \cdots k_d!)^2}$$

ここで, $k_1! \cdots k_d! \overset{\text{問 3.1.4}}{\geq} (m!)^d$. また,

$$d^n = (\underbrace{1 + \cdots + 1}_{d})^n = \sum_{\substack{k_1, \ldots, k_d \in \mathbb{N} \\ k_1 + \cdots + k_d = n}} \frac{n!}{k_1! \cdots k_d!}.$$

したがって, $\displaystyle \sum_{\substack{k_1, \ldots, k_d \in \mathbb{N} \\ k_1 + \cdots + k_d = n}} \frac{n!}{(k_1! \cdots k_d!)^2} \leq (m!)^{-d} d^n.$

m, n に無関係な定数を c で表すと, 以上から

$$P(S_{2n} = 0) \leq \left(\frac{1}{2d}\right)^{2n} \frac{(2n)!}{n!} (m!)^{-d} d^n$$

$$= \left(\frac{1}{2d}\right)^{2md} \frac{(2md)!}{(md)!} (m!)^{-d} d^{md}$$

$$\overset{(5.5)}{\sim} c \left(\frac{1}{2d}\right)^{2md} \frac{(2mde^{-1})^{2md}}{(mde^{-1})^{md}} m^{-d/2} (me^{-1})^{-dm} d^{md}$$

$$= \frac{c}{m^{d/2}} = \frac{cd^{d/2}}{n^{d/2}}. \qquad \backslash(\char94\Box\char94)/$$

▶**問 5.1.1** ($\star$) $X_1, \ldots, X_n$ は $\{1, \ldots, \ell\}$ に一様分布する iid, $n, \ell \to \infty$, $n/\ell \to c \in [0, 1]$, $\varphi(c) = c + (1-c)\log(1-c)$ とする. φ が非負単調増加であること, および次を示せ: $\frac{1}{\ell} \log P(X_1, \ldots, X_n \text{ がすべて異なる}) \overset{\ell \to \infty}{\longrightarrow} -\varphi(c)$. (ヒント:例 3.1.3)

▶**問 5.1.2** (ポアソン分布に対するド・モアブルの定理) $c > 0$ は定数, $n, k \to \infty$, $\frac{k - nc}{n^{2/3}} \to 0$ とするとき, $e^{-nc} \frac{(nc)^k}{k!} \sim \frac{1}{\sqrt{2\pi cn}} \exp\left(-\frac{(k-nc)^2}{2cn}\right)$ を示せ[34].

---

[34] スターリングの公式を特別な場合として含む($k = n$, $c = 1$).

▶**問 5.1.3**　例 5.1.7 で次を示せ：

$$P(S_{n+2k}=x) \geq (2d)^{-2k}P(S_n=x) \ (x \in \mathbb{Z}^d,\, n,k \in \mathbb{N}).$$

5.2 大数の法則

以下，5.2 節を通じ，Ω を集合，P を Ω 上の確率測度とする．勝率 p の賭けを n 回繰り返すとするとき，

$$\text{「経験的勝率」} = \frac{n \text{ 回までに勝った回数}}{n}$$

は n が大きいとき，ほぼ p だろう，と直感できる．この直感を数学的に言うと，$(1,p)$-二項分布（例 1.2.3）する iid $X_1, X_2, \dots$ に対し，

$$\lim_{n\to\infty} \frac{S_n}{n} = p, \quad \text{ただし } S_n = X_1 + \cdots + X_n. \tag{5.12}$$

一方，この直感には疑問も生じる．実際，(5.12) は事象：

$$B = \{\omega \in \Omega\,;\, \text{すべての } n \text{ に対し } X_n(\omega) = 1\} \tag{5.13}$$

の上では不成立（B 上で $\frac{S_n}{n} \equiv 1$）．B は確率 0 だが空集合ではなく，(5.12) は (5.13) のような集合を除外して考える必要がある．

次の定理が成立する．

定理 5.2.1（大数の弱法則[35]**）** $X_1, X_2, \dots \in L^1(P)$ を iid, $S_n = X_1 + \cdots + X_n$, $m = EX_j$ とすると，任意の $\varepsilon > 0$ に対し

$$\lim_{n\to\infty} P\left(\left|\frac{S_n}{n} - m\right| \leq \varepsilon\right) = 1. \tag{5.14}$$

定理 5.2.1 で特に $X_j \approx (1,p)$-二項分布なら $m \overset{(2.5)}{=} p$ だから，この場合に限れば (5.14) は (5.12) と大体同じ意味になる．加えて，(5.14) の形にするこ

---

[35] 「大数」は「たいすう」と読む．定理 5.2.1 はヤコブ・ベルヌーイにより，X_j が $(1,p)$-二項分布する場合に示され，彼の死後に出版された著書 *Ars Conjectandi* (1713) に収められた．有名な「ベルヌーイ数」もこの本で論じられている．

とで, (5.13) のような確率 0 の集合が寄与しなくなるので, 直感的に (5.12) を考えた際に生じた疑問も見事に解決されている.

定理 5.2.1 を, 次の特別な場合に示す.

定理 5.2.2 定理 5.2.1 で特に, $X_1, X_2, \ldots \in L^2(P)$, $\mathrm{var}\, X_1 = v$ なら任意の $\varepsilon > 0$ に対し

$$P\left(\left|\frac{S_n}{n} - m\right| \geq \varepsilon\right) \leq \frac{v}{n\varepsilon^2}. \tag{5.15}$$

その結果, (5.14) が成立する.

証明 $E\left(\frac{S_n}{n}\right) \overset{(3.14)}{=} m$, $\mathrm{var}\left(\frac{S_n}{n}\right) \overset{(3.15)}{=} \frac{v}{n}$. よって

$$P\left(\left|\frac{S_n}{n} - m\right| \geq \varepsilon\right) \overset{(2.23)}{\leq} \frac{1}{\varepsilon^2} \mathrm{var}\left(\frac{S_n}{n}\right) = \frac{v}{n\varepsilon^2}. \qquad \backslash(^\square^)/$$

例 5.2.3 (内閣支持率) 「内閣支持率」を数学的に定義するなら,

$$p \overset{\mathrm{def}}{=} (内閣支持者数)/(全有権者数).$$

(の%表示) となるだろう. 日本の有権者数は総人口約 1 億 2700 万の 8 割強を占め, ざっと 1 億である(2009 年現在). したがって, 上の p を直接求めるには, 1 億人の支持・不支持を調査する必要がある. しかし, それは膨大な手間と時間を要し, 結果が出たときにはすでに内閣が交代しているかも知れない … (´△`) 遅すぎじゃ.

NHK の内閣支持率調査では, 無作為抽出した有権者 $n(=1500)$ 人に電話し, 支持・不支持を答えてもらう. j 人目に調査した人の支持・不支持を $X_j = 1, 0$ で表す. このとき, 上で定めた p に対し, $X_1, \ldots, X_n$ は $(1, p)$-二項分布する iid と仮定でき, $S_n = X_1 + \cdots + X_n$ は n 人中の内閣支持者数である. 実は大数の法則 (5.12) (より正確には定理 5.2.2) は $n = 1500$ 程度でもよい近似を与える. そこで NHK ニュースは $\frac{S_n}{n}\big|_{n=1500}$ (の%表示) を「内閣支持率」として報道する. 近似精度については例 6.2.3 で改めて述べる.

例 5.2.4 (株式投資) ある株価の月ごとの成長率が $X_1, X_2, \ldots$ (n か月目に $n-1$ か月目に比べて X_n 倍になる) とする. この株を買って n か月後には元値の

1) $\qquad Y_n = \prod_{j=1}^{n} X_j$

倍になる. Y_n が長期的にどうなるか予測したい. $X_1, X_2, \ldots$ を区間 (a,b) $(0 < a < 1 < b < \infty)$ に値をとる iid とする. 1) の両辺の対数をとると,

$$\log Y_n = \sum_{j=1}^{n} \log X_j.$$

$\log X_j$ は有界な iid (したがって $L^2(P)$). ゆえに定理 5.2.2 より任意の $\varepsilon > 0$ に対し

$$P\left(\left|\frac{1}{n}\log Y_n - \ell\right| \le \varepsilon\right) \overset{n \to \infty}{\longrightarrow} 1, \quad \text{ただし} \ \ell = E \log X_1,$$

つまり,

2) $\qquad P\left(e^{(\ell-\varepsilon)n} \le Y_n \le e^{(\ell+\varepsilon)n}\right) \overset{n \to \infty}{\longrightarrow} 1.$

$\varepsilon > 0$ は任意に小さくとれるから, 2) より, 月ごとの平均的な成長率は e^ℓ である.

一方, 単純に 1) の平均をとると

3) $\qquad EY_n \overset{(3.12)}{=} \prod_{j=1}^{n} EX_j = m^n, \quad \text{ただし} \ m = EX_1.$

ここから「月ごとの平均的な成長率は m」と早合点しそうだが, e^ℓ の方が正しいことは 2) から明らかである. 3) 自体は正しいが, m を平均的な成長率と解釈するのは正しくない. これも例 2.1.8 で触れた「期待値を期待できない」例のひとつである. 例えば X_1 が値 1.3, 0.6 をそれぞれ確率 3/5, 2/5 でとるなら

$$\ell = \frac{3}{5}\log 1.3 + \frac{2}{5}\log 0.6 \overset{\text{電卓}}{=} -0.0469\cdots,$$

$$m = \frac{3}{5}\times 1.3 + \frac{2}{5}\times 0.6 = 1.02$$

となり $e^\ell < 1 < m$. したがってこの場合,$m > 1$ を平均的な成長率と早合点して投資すると,2) により資産は指数減衰してしまう… (T△T) トホホ.

例 5.2.5(ワイエルシュトラスの多項式近似定理) 一見確率論と無縁の事柄に確率論の考え方が応用できることがある.その一例を見よう:$I = [0,1]$,$f : I \to \mathbb{R}$ は連続とする.このとき多項式の列 $f_n : \mathbb{R} \to \mathbb{R}$ $(n \geq 1)$ で次を満たすものが存在する:

1) $\quad \lim_{n \nearrow \infty} \max_{p \in I} |f_n(p) - f(p)| = 0.$

証明 ひとまず $p \in I$, $n \in \mathbb{N}$ を固定し,$X_1, \dots, X_n$ を $(1,p)$-二項分布する iid, $S_n = X_1 + \cdots + X_n$ とすると

$$P(S_n = k) \overset{(4.1)}{=} \binom{n}{k} p^k (1-p)^{n-k}, \quad k = 0, \dots, n.$$

したがって

$$f_n(p) \overset{\text{def}}{=} E f\left(\tfrac{S_n}{n}\right) \overset{(2.1)}{=} \sum_{k=0}^{n} f\left(\tfrac{k}{n}\right) P(S_n = k)$$

は p の多項式.また,任意の $\varepsilon > 0$ に対し

2) $\quad P\left(\left|\tfrac{S_n}{n} - p\right| \geq \varepsilon\right) \overset{(5.15)}{\leq} \dfrac{\operatorname{var} X_1}{\varepsilon^2 n} \overset{(2.28)}{=} \dfrac{p(1-p)}{\varepsilon^2 n} \leq \dfrac{1}{4\varepsilon^2 n}.$

一方,$Y_n = f\left(\tfrac{S_n}{n}\right) - f(p)$,$M = \max_{p \in I} |f(p)|$,$c_n = \sup_{\substack{p,p' \in I \\ |p-p'| < n^{-1/3}}} |f(p') - f(p)|$ とすると,

3) $\quad |Y_n| \leq 2M,$

4) f の一様連続性 [36] より $c_n \overset{n\to\infty}{\Longrightarrow} 0$,

5) 事象 $A_n \overset{\text{def}}{=} \left\{ \left| \frac{S_n}{n} - p \right| < n^{-1/3} \right\}$ 上で，$|Y_n| \le c_n$.

6) $|f_n(p) - f(p)| = |EY_n| \overset{\text{問 2.1.4}}{\le} E\,|Y_n| = E\left(|Y_n|\,\mathbf{1}_{A_n}\right) + E\left(|Y_n|\,\mathbf{1}_{A_n^{\mathsf{c}}}\right)$
((0.1) 参照)．

7) $E\left(|Y_n|\,\mathbf{1}_{A_n}\right) \overset{5)}{\le} c_n P(A_n) \le c_n \cdot 1 \overset{4)}{\longrightarrow} 0 \;\; (n\to\infty)$

8) $\begin{cases} E\left(|Y_n|\,\mathbf{1}_{A_n^{\mathsf{c}}}\right) \overset{3)}{\le} 2MP(A_n^{\mathsf{c}}) = 2MP\left(\left|\frac{S_n}{n}-p\right| \ge n^{-1/3}\right) \\[2mm] \phantom{E\left(|Y_n|\,\mathbf{1}_{A_n^{\mathsf{c}}}\right)} \overset{2)}{\le} 2M \cdot \dfrac{1}{4(n^{-1/3})^2 \cdot n} \longrightarrow 0 \;\; (n\to\infty). \end{cases}$

また，7), 8) の収束は p について一様．ゆえに 6)–8) より 1) を得る．\(^□^)/

定義 5.2.6 一般に，確率変数 $Y, Y_1, Y_2, \ldots$ が，任意の $\varepsilon > 0$ に対し

$$\lim_{n\to\infty} P(|Y_n - Y| \le \varepsilon) = 1.$$

を満たすとき，Y_n は Y に**確率収束**する，と言う．この言葉を使うと，定理 5.2.1 の内容は「S_n/n は平均値 m に確率収束する」と言える．

例 5.2.7（おまけ集めへの応用） 例 4.2.3 で，おまけが全 ℓ 種類そろった時点で買ったお菓子の個数 $T_{\ell,\ell}$ は次を満たす：任意の $\varepsilon > 0$ に対し

$$P\left(\left|\frac{T_{\ell,\ell}}{\ell \log \ell} - 1\right| \le \varepsilon\right) \overset{\ell\to\infty}{\longrightarrow} 1, \quad \text{つまり} \quad \frac{T_{\ell,\ell}}{\ell \log \ell} \overset{\ell\to\infty}{\longrightarrow} 1 \quad \text{（確率収束）.} \tag{5.16}$$

これを，定理 5.2.2 の証明の考え方を応用して示す．

証明 $a_\ell = \ell \log \ell$ とおく．一般に $(x + y)^2 \le 2x^2 + 2y^2$ だから

$$|T_{\ell,\ell} - a_\ell|^2 \le (|T_{\ell,\ell} - ET_{\ell,\ell}| + |ET_{\ell,\ell} - a_\ell|)^2$$
$$\le 2|T_{\ell,\ell} - ET_{\ell,\ell}|^2 + 2|ET_{\ell,\ell} - a_\ell|^2.$$

平均すると

---

[36] 有界な閉区間上の連続関数は一様連続である [吉田 1, p.189].

1) $\quad E(|T_{\ell,\ell} - a_\ell|^2) \le 2\,\mathrm{var}\,T_{\ell,\ell} + 2|ET_{\ell,\ell} - a_\ell|^2.$

一方,

2) $\quad \begin{cases} \mathrm{var}\,T_{\ell,\ell} \overset{\text{問 4.2.7}}{\le} C_1 \ell^2, \\[2mm] |ET_{\ell,\ell} - a_\ell| \overset{(4.13)}{=} \left|1 + \left(\sum_{j=1}^{\ell-1} \frac{1}{j} - \log\ell\right)\ell\right| \overset{(4.14)}{\le} C_2 \ell, \end{cases}$

ただし, C_1, C_2 は ℓ に無関係な定数. よって

3) $\quad E(|T_{\ell,\ell} - a_\ell|^2) \overset{1),2)}{\le} C_3 \ell^2, \quad$ ただし $C_3 = 2C_1 + 2C_2^2.$

これで準備完了. 後は次のようにして (5.16) を得る:

$$
\begin{aligned}
P\left(\left|\frac{T_{\ell,\ell}}{a_\ell} - 1\right| \ge \varepsilon\right) &= P\left(|T_{\ell,\ell} - a_\ell|^2 \ge \varepsilon^2 a_\ell^2\right) \\[2mm]
&\overset{(2.16)}{\le} \frac{1}{\varepsilon^2 a_\ell^2} E(|T_{\ell,\ell} - a_\ell|^2) \\[2mm]
&\overset{3)}{\le} \frac{C_3 \ell^2}{\varepsilon^2 a_\ell^2} = \frac{C_3}{\varepsilon^2 (\log\ell)^2} \overset{\ell\to\infty}{\longrightarrow} 0. \qquad \backslash(\char94\Box\char94)/
\end{aligned}
$$

例 5.2.8 ($\star$)(ペテルスブルグの賭け:その2) $T_1, \ldots, T_n$ を $1/2$-幾何分布 した iid, $S_n = 2^{T_1} + \cdots + 2^{T_n}$ とするとき,

$$
P\left(\left|\frac{S_n}{n\log_2 n} - 1\right| \le \varepsilon\right) \overset{n\to\infty}{\longrightarrow} 1, \quad \text{つまり} \quad \frac{S_n}{n\log_2 n} \overset{n\to\infty}{\longrightarrow} 1 \quad \text{(確率収束)}.
\tag{5.17}
$$

これは, ペテルスブルグの賭け (例 4.2.4) に n 回賭けたときの取り分が, 大体 $n\log_2 n$ 円であることを示している[37]. ここで, 例 4.2.4 の悪魔が再びあなたに囁きかける.

悪魔:「(5.17) によると, 一回 c 円の賭け金で n 回賭けたときの収支は $(\log_2 n - c)n$ 円だから, 2^c 回を超えて賭け続ければ必ず儲かるんだよ. 君だけ特別に一回百円で好きなだけ賭けさせてやる. どうだ, いい話だろう. 乗らないか?」

---

[37] フェラーにより示された事実.

　もちろん，こんな話に乗ってはいけない．2^{100} などという天文学的な回数賭け続けることなど不可能である．あきらめて賭けをやめるまでの賭け金を，まんまと悪魔にさらわれるだけだ．

　さて，(5.17) の証明に移ろう．例 4.2.4 で述べたように $E\,2^{T_j} = \infty$ なので，証明には工夫を要する．

証明　$a_n = \log_2 n$, $b_n = \log_2 a_n$, $c_n = a_n + b_n$ とおく．よって

1)　　　$2^{a_n} = n,\ \ 2^{b_n} = a_n,\ \ 2^{c_n} = na_n.$

さらに $Y_{n,j} = 2^{T_j}\mathbf{1}_{\{T_j \le c_n\}}$, $\ \ U_n = Y_{n,1} + \cdots + Y_{n,n}$ とおくと，

2)　　　$P(T_j > c_n) \le \dfrac{2}{na_n},\ \ EY_{n,j} = \lfloor c_n \rfloor$ ((0.12) 参照)，$\ \ E(Y_{n,j}^2) \le 2na_n.$

3)　　　$P(S_n \ne U_n) \overset{n\to\infty}{\longrightarrow} 0,\ \ EU_n = n\lfloor c_n \rfloor,\ \ \operatorname{var} U_n \le 2n^2 a_n.$

2) は以下のようにしてわかる．

第一式：$P(T_j > c_n) \le P(T_j > \lfloor c_n \rfloor) \overset{(4.7)}{=} 2^{-\lfloor c_n \rfloor} \le 2^{1 - c_n} \overset{1)}{=} \dfrac{2}{na_n}.$

第二式：$EY_{n,j} = \displaystyle\sum_{1 \le k \le c_n} 2^k \underbrace{P(T_j = k)}_{=\,2^{-k}} = \lfloor c_n \rfloor.$

第三式：$E(Y_{n,j}^2) = \displaystyle\sum_{1 \le k \le c_n} 2^{2k} \underbrace{P(T_j = k)}_{=\,2^{-k}} = 2(2^{\lfloor c_n \rfloor} - 1) \le 2^{1 + c_n} \overset{1)}{=} 2na_n.$

3) は以下のようにしてわかる．

第一式：$P(S_n \ne U_n) \le P\left(\displaystyle\bigcup_{j=1}^{n} \{T_j > c_n\}\right) \le \displaystyle\sum_{j=1}^{n} P(T_j > c_n) \overset{2)}{\le} \dfrac{2}{a_n} \overset{n\to\infty}{\longrightarrow} 0.$

第二式：$EU_n = \displaystyle\sum_{j=1}^{n} EY_{n,j} \overset{2)}{=} n\lfloor c_n \rfloor.$

第三式：$\operatorname{var} U_n \overset{(3.13)}{=} \displaystyle\sum_{j=1}^{n} \operatorname{var} Y_{n,j} \le \displaystyle\sum_{j=1}^{n} E(Y_{n,j}^2) \overset{2)}{\le} 2n^2 a_n.$

　いま，$\left|\dfrac{S_n}{na_n} - 1\right| \le I_n + J_n + k_n$, ただし

$$I_n = \left| \frac{S_n - U_n}{na_n} \right|, \quad J_n = \left| \frac{U_n - EU_n}{na_n} \right|, \quad k_n = \left| \frac{EU_n}{na_n} - 1 \right| \overset{3)}{=} \left| \frac{\lfloor c_n \rfloor}{a_n} - 1 \right|.$$

したがって，次を言えば (5.17) が示せる：

$$I_n, J_n \overset{n \to \infty}{\Longrightarrow} 0 \text{ (確率収束)}, \quad k_n \overset{n \to \infty}{\longrightarrow} 0.$$

$\underline{I_n \text{ について}}$： $\varepsilon > 0$ とすると 3) より，$P(I_n > \varepsilon) \leq P(S_n \neq U_n) \overset{n \to \infty}{\longrightarrow} 0.$

$\underline{J_n \text{ について}}$： $\varepsilon > 0$ とすると $P(J_n > \varepsilon) \overset{(2.23)}{\leq} \dfrac{\operatorname{var} U_n}{\varepsilon^2 n^2 a_n^2} \overset{3)}{\leq} \dfrac{2}{\varepsilon^2 a_n} \overset{n \to \infty}{\longrightarrow} 0.$

$\underline{k_n \text{ について}}$： n が十分大とする．このとき，$b_n \to \infty$ より，$\lfloor c_n \rfloor \geq a_n$．したがって，

$$0 \leq k_n = \left| \frac{\lfloor c_n \rfloor}{a_n} - 1 \right| = \frac{\lfloor c_n \rfloor}{a_n} - 1 \leq \frac{c_n}{a_n} - 1 = \frac{b_n}{a_n} \overset{n \to \infty}{\longrightarrow} 0. \qquad \backslash(\char94\Box\char94)/$$

補足： 定理 5.2.1 は次に述べる「大数の強法則」（定理 5.2.9）と対比して「大数の弱法則」と呼ばれる．「大数の強法則」は定理 5.2.1 と同じ仮定で「確率 1 での収束」という，より強い収束を結論する．

定理 5.2.9 (⋆)（**大数の強法則** [38]） $X_1, X_2, \ldots \in L^1(P)$ を iid, $S_n = X_1 + \cdots + X_n$, $m = EX_1$ とすると，確率 1 で

$$\frac{S_n}{n} \overset{n \to \infty}{\longrightarrow} m. \tag{5.18}$$

証明は本書の範囲を超えるので割愛する（例えば [舟木, 4.2 節] 参照）．

注 定理 5.2.9 でも，(5.13) のような確率 0 の集合を除いて考える必要があるので，「確率 1 で」という部分は不可欠である．

---

[38] 正規数に関するボレルの定理（1909, [吉田 2, 問 2.4.8] 参照）が定理 5.2.9 の原形となった．後にコルモゴロフにより，ここで紹介する形に一般化された (1930).

▶ **問 5.2.1** X, Y, X_n, Y_n を確率変数, $X_n \to X$, $Y_n \to Y$(共に確率収束)と
するとき, $X_n + Y_n \to X + Y$, $X_n Y_n \to XY$(共に確率収束)を示せ.

▶ **問 5.2.2** (⋆)(定理 5.2.2 の一般化) $X_1, X_2, \ldots \in L^2(P)$ に対し,これら
が独立とも同分布とも仮定しない代わりに,次のような数列 $c_n \geq 0$ の存在
を仮定する: $i \leq j$ なら $\mathrm{cov}(X_i, X_j) \leq c_{j-i}$ かつ $c_n \overset{n\to\infty}{\longrightarrow} 0$. このとき,
$S_n = X_1 + \cdots + X_n$ に対し $\frac{S_n - ES_n}{n} \overset{n\to\infty}{\longrightarrow} 0$(確率収束)を示せ.

▶ **問 5.2.3** 例 4.4.1 で $S_n = \sum_{j=1}^n \mathbf{1}_{\{Y_j = 1\}}$ とするとき, $\frac{S_n}{\log n} \overset{n\to\infty}{\longrightarrow} 1$(確率
収束),つまり, n 人中約 $\log n$ 人が記録更新することを示せ.

5.3 中心極限定理

$X_1, X_2, \ldots \in L^1(P)$ を iid, $S_n = X_1 + \cdots + X_n$, $m = EX_1$ とする. 定理
5.2.1 によると

$$n \text{ が大きいとき, } S_n \text{ の値は } mn \text{ に近い(誤差 } \pm \varepsilon n). \tag{5.19}$$

実際には S_n は, mn より大きくなったり小さくなったりの振動を,誤差の範
囲で繰り返す. その振動の様子を解明するのが次の中心極限定理である. こ
の定理では $X_j \in L^2(P)$ を仮定する.

定理 5.3.1(中心極限定理[39]) $X_1, X_2, \ldots \in L^2(P)$ を iid, $S_n = X_1 + \cdots + X_n$,

---

[39] ラプラスは著書 "Théorie Analytique des Probabilités" (1812) において,二項分布に対
するド・モアブルの定理(定理 5.1.6)を一般化し,定理 5.3.1 を定式化した. その中でラプラ
スは,特性関数 ((5.24) 参照) やその反転公式といった現代的な概念をすでに導入している. そ
の後,中心極限定理を厳密に証明する努力は多くの数学者たちに引き継がれた. 特にリアプノフ
は $X_j \in L^2(P)$ より少し強い仮定: $X_j \in L^{2+\delta}(P)$ $(\delta > 0)$ をつけて (5.20) を示した (1901).
それからさらに約 20 年後,リンドバーグ,ついでレヴィはついに 定理 5.3.1 を含む結果の厳密
な証明に到達した (1922). その過程でレヴィが整備した特性関数の理論は現代の確率論でも重
要な手法である.

$m = EX_1$, $v = \operatorname{var} X_1 > 0$ とすると, 任意の区間 $I \subset \mathbb{R}$ に対し

$$P\left(\frac{S_n - mn}{\sqrt{vn}} \in I\right) \overset{n \to \infty}{\longrightarrow} \mu(I) \overset{\text{def}}{=} \frac{1}{\sqrt{2\pi}} \int_I \exp(-x^2/2)dx. \tag{5.20}$$

証明は本書の程度を超えるが, 興味のある読者のために本節末の補足で紹介する. ここでは定理 5.3.1 の意味を理解しよう.

定理 5.3.1 の意味: Y を確率変数 $\approx N(0, 1)$ とすると, 定理 5.3.1 より n が大きいとき,

$$\frac{S_n - mn}{\sqrt{vn}} \overset{\text{ほぼ}}{\approx} Y.$$

したがって, 大雑把には

$$S_n \overset{\text{ほぼ}}{\approx} mn + \sqrt{vn}Y \overset{\text{例 1.5.5}}{\approx} N(mn, vn). \tag{5.21}$$

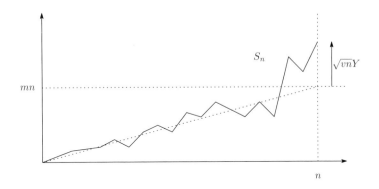

定理 5.3.1 では, $X_1, X_2, \ldots$ が $L^2(P)$ に属する iid でありさえすれば, その分布が何でもよい点に改めて注意する. したがって, (5.21) より,

分布が何であれ, $L^2(P)$ に属する iid をたくさん足せば正規分布に近い.

これは正規分布が確率・統計のさまざまな局面で登場する理由でもある.

例 5.3.2（二項分布の正規近似）勝率 p の賭けを n 回続け，勝ち数を数える．$(1, p)$-二項分布する iid $X_1, \ldots, X_n$ を考えると $S_n = X_1 + \cdots + X_n$ がその勝ち数．$EX_j \overset{(2.5)}{=} p$, $\mathrm{var}\, X_j \overset{(2.28)}{=} p(1-p)$ と定理 5.3.1 より，任意の区間 $I \subset \mathbb{R}$ に対し

$$P\left(\frac{S_n - pn}{\sqrt{np(1-p)}} \in I \right) \overset{n \to \infty}{\longrightarrow} \mu(I) = \frac{1}{\sqrt{2\pi}} \int_I \exp(-x^2/2) dx. \qquad (5.22)$$

近似 (5.22) は，$pn > 5$ かつ $(1-p)n > 5$ で十分よいと言われる．いま，n を偶数，$p = 1/2$ とし，

1) $\quad P(S_n = \tfrac{n}{2}) \overset{(4.1)}{=} \binom{n}{n/2} \frac{1}{2^n} = \begin{cases} 0.19638\cdots, & n = 16, \\ 0.07958\cdots, & n = 100. \end{cases}$

この値を中心極限定理で近似計算する．この際，$k \mapsto \rho(k) \overset{\text{def}}{=} P(S_n = k)$ のグラフは区間 $(k - \tfrac{1}{2}, k + \tfrac{1}{2})$ 上で定数 $\rho(k)$ をとる階段関数（例 4.1.1 の図のようになる）と考え $\rho(k) = P(|S_n - k| < \tfrac{1}{2})$ と見なす．この考え方を**連続補正**と呼ぶ．(1.21) で $x(\alpha) = \frac{1}{\sqrt{n}}$ なる α をとる．$n = 16$, $n = 100$ に対しそれぞれ $\alpha = 0.4013$, $\alpha = 0.4602$（例 1.3.4 の表：p.17）．よって (5.22) より，

$$P\left(S_n = \tfrac{n}{2}\right) = P\left(|S_n - \tfrac{n}{2}| < 0.5\right) = P\left(\frac{|S_n - \tfrac{n}{2}|}{\sqrt{n/4}} < \frac{1}{\sqrt{n}} \right)$$

$$\overset{\text{ほぼ}}{=} \mu((-x(\alpha), x(\alpha))) \overset{(1.21)}{=} 1 - 2\alpha = \begin{cases} 0.1974, & n = 16, \\ 0.0796, & n = 100. \end{cases}$$

この近似値は 1) と比べて大変よい．

　次に $n = 100$ とする．勝ち数 S_n の平均は $n/2 = 50$ だが，それに対し 60 勝以上する確率 $P(S_n \geq 60)$ を中心極限定理で近似する．$S_n \geq 60$ を $S_n > 59.5$ と連続補正する．一方 $x(\alpha)|_{\alpha = 0.0287} = 1.9$（例 1.3.4 の表）．よって，(5.22) より

$$P(S_n \geq 60) = P(S_n > 59.5) = P\left(\frac{S_n - \tfrac{n}{2}}{\sqrt{n/4}} > 1.9 \right)$$

$$\overset{\text{ほぼ}}{=} \ \mu((x(\alpha),\infty)) \overset{(1.21)}{=} \alpha = 0.0287.$$

したがって，60 勝以上できる可能性はかなり低い．

例 5.3.3（ポアソン分布の正規近似） Z_n を n-ポアソン分布する確率変数，$X_1,\dots,X_n$ は 1-ポアソン分布する iid とすると $Z_n \approx X_1 + \cdots + X_n$（命題 4.1.2）．よって，$EX_1 \overset{(2.7)}{=} 1$, $\mathrm{var}\,X_1 \overset{(2.29)}{=} 1$ と定理 5.3.1 より，任意の区間 $I \subset \mathbb{R}$ に対し

$$P\left(\frac{Z_n - n}{\sqrt{n}} \in I\right) \overset{n\to\infty}{\longrightarrow} \mu(I) = \frac{1}{\sqrt{2\pi}}\int_I \exp(-x^2/2)dx. \tag{5.23}$$

近似 (5.23) は，連続補正（例 5.3.2）すれば $n > 10$ で，補正なしなら $n > 1000$ で十分よいと言われる．

2011 年初秋のある日，旧知の生物学者 I 氏からこんな質問を受けた．I 氏の研究室で，たんぱく質の分子が一定時間内にピクリピクリと動く回数を数えた．その数がある条件 A では 700 回，別の条件 B で 748 回だった．この差は，条件 A, B に差異ありと判断するに足りるものか，それとも誤差の範囲か？

実験方法を詳しく聞くうちに，分子が動く回数はポアソン分布することがわかった [40]．すると次のように推論できる．条件 A を基準に考えると，分子が動く回数は Z_n ($n = 700$) で表せる．仮に条件 A, B に差異なしと仮定するなら，条件 B で分子が動く回数も Z_n で表すことができる．上の仮定の下で「条件 B で分子が 748 回以上動く」ことに対応する事象 $Z_n \geq 748$ を $Z_n > 748 - 0.5 = 747.5$ と連続補正（例 5.3.2）すると，

$$P(Z_n \geq 748) = P(Z_n > 747.5) = P\left(\frac{Z_n - n}{\sqrt{n}} > \frac{47.5}{\sqrt{n}}\right).$$

---

[40] 顕微鏡の画像を多数の小領域（各領域で分子が動くことは稀事象）に分割し，各領域ごとに数えた回数の和として，全体の回数を数える．これはポアソン分布に適合する典型例．

ゆえに (5.23), $47.5/\sqrt{n} \overset{\text{ほぼ}}{=} 1.8$, および正規分布表（例 1.3.4）より

$$P(Z_n \geq 748) \overset{\text{ほぼ}}{=} \mu((1.8, \infty)) \overset{\text{ほぼ}}{=} 0.0359.$$

通常，こうした文脈では 0.05 以下の確率は十分小さいと見なす．したがって，条件 A, B に差異なしと仮定した場合，条件 B で分子が 748 回以上動く確率は十分小さい．ところが実際には 748 回動いた．このことから，条件 A, B には差異ありと推論される [41].

補足 1 ($\star$)：定理 5.3.1 の証明 [42]　X を実数値確率変数とする．平均：

$$\varphi_X(t) = E \exp(\mathbf{i}tX), \ t \in \mathbb{R} \tag{5.24}$$

を X の**特性関数**と呼ぶ．定義 2.1.1, 定義 2.1.4 より，平均の正体は級数あるいは積分だから，複素数値の確率変数 $\exp(\mathbf{i}tX)$ に対しても，定義 2.1.1, 定義 2.1.4 と同様の手続きで平均 (5.24) を定義できる．特に X が離散分布なら (5.24) はフーリエ級数，X が連続分布なら (5.24) は密度のフーリエ変換である．

　例えば $X \approx N(m, v)$ なら，

1)　　$\varphi_X(t) = \exp\left(\mathbf{i}mt - \dfrac{vt^2}{2}\right), \ t \in \mathbb{R}.$

これは問 2.1.3 で形式的に t を $\mathbf{i}t$ に置き換えられることを意味する．この非自明な置き換えは，複素解析の「一致の定理」より正当化できる．また，特性関数に関する一般論（本質的にはフーリエ級数・フーリエ変換に対する反転公式）により次が知られている(例えば [舟木, 5.2 節] 参照)：実数値確率変数の列 Z_n が任意の $t \in \mathbb{R}$ に対し

---

[41] この論法は仮説検定（6.3 節参照）と同じである．
[42] 途中で，「特性関数」に関する一般論を引用する．その部分以外は自己充足的．

2) $\quad \varphi_{Z_n}(t) \overset{n \to \infty}{\longrightarrow} \exp\left(-\frac{t^2}{2}\right)$

を満たすなら,任意の区間 $I \subset \mathbb{R}$ に対し

$$P(Z_n \in I) \overset{n \to \infty}{\longrightarrow} \frac{1}{\sqrt{2\pi}} \int_I \exp(-x^2/2)dx.$$

したがって定理 5.3.1 を示すには $Z_n = \frac{S_n - mn}{\sqrt{vn}}$ に対し 2) を言えばよい.簡単のため $m = 0$, $v = 1$, $m_3 \overset{\text{def}}{=} E(|X_1|^3) < \infty$ の場合を考えよう.$\exp(\mathbf{i}t)$ のテイラー展開より,

$$\exp(\mathbf{i}t) = 1 + \mathbf{i}t - \frac{t^2}{2} + \varepsilon_1(t), \quad |\varepsilon_1(t)| \le t^3,$$

$$\exp\left(\mathbf{i}\frac{tX_1}{\sqrt{n}}\right) = 1 + \mathbf{i}\frac{tX_1}{\sqrt{n}} - \frac{t^2 X_1^2}{2n} + \varepsilon_1\left(\frac{tX_1}{\sqrt{n}}\right).$$

上式の二つめの両辺を平均し,$m = 0$, $v = 1$, $|\varepsilon_1(t)| \le t^3$ に注意すると

3) $\quad \varphi_{X_1/\sqrt{n}}(t) = E \exp\left(\mathbf{i}\frac{tX_1}{\sqrt{n}}\right)$

$$= 1 - \frac{t^2}{2n} + \varepsilon_2\left(\frac{t}{\sqrt{n}}\right), \quad \left|\varepsilon_2\left(\frac{t}{\sqrt{n}}\right)\right| \le m_3 t^3 n^{-3/2}.$$

一般に,収束する複素数列 $a_n \to a$ に対し $\left(1 + \frac{a_n}{n}\right)^n \to e^a$ だから,

4) $\quad \varphi_{X_1/\sqrt{n}}(t)^n \overset{n \to \infty}{\longrightarrow} \exp\left(-\frac{t^2}{2}\right).$

以上から $n \to \infty$ で

$$\varphi_{S_n/\sqrt{n}}(t) = E \exp\left(\mathbf{i}\frac{tS_n}{\sqrt{n}}\right) \overset{(3.12)}{=} \varphi_{X_1/\sqrt{n}}(t)^n \overset{4)}{\longrightarrow} \exp\left(-\frac{t^2}{2}\right).$$

これで $Z_n = \frac{S_n}{\sqrt{n}}$ に対し 2) が言えた.   \(^□^)/

補足 2: 実数値 iid の和に関する中心極限定理(定理 5.3.1)は,次の形で d 次元に拡張される.

定理 5.3.4 (⋆)（多次元の中心極限定理 [43]）$\mathbb{R}^d$-値の iid $X_1, X_2, \ldots$ に対し $S_n = X_1 + \cdots + X_n$ とする. また, $X_1 = (X_{1,i})_{i=1}^d$ に対し

$$X_{1,i} \in L^2(P), \quad m = (EX_{1,i})_{i=1}^d, \quad V = (\mathrm{cov}(X_{1,i}, X_{1,j}))_{i,j=1}^d$$

とする. さらに d 次正方行列 A を $A^{\mathrm{t}}A = V$ を満たすようにとる ((0.15), および後述の注参照). このとき, 任意の区間 $I \subset \mathbb{R}^d$ に対し

$$P\left(\frac{S_n - mn}{\sqrt{n}} \in I\right) \overset{n \to \infty}{\longrightarrow} P(AX \in I), \tag{5.25}$$

ただし, X は d 次元標準正規分布（例 1.3.6）する確率変数を表す.

注   定理 5.3.4 の A は一意的ではないが, (5.25) の右辺は A の選び方によらない（A が正則の場合は問 1.5.6 による）. A の選び方のひとつは次のとおり：定義から, V は非負定値対称行列（問 2.2.2）. したがって, 直交行列 U, 対角行列 $D = (\lambda_i \delta_{i,j})_{i,j=1}^d$ （$\lambda_i \geq 0$）を用い, $V = UD^{\mathrm{t}}U$ と表せる ((0.15) 参照). そこで $\sqrt{D} = (\sqrt{\lambda_i}\delta_{i,j})_{i,j=1}^d$, $A = U\sqrt{D}^{\mathrm{t}}U$ とすれば, A は非負定値対称行列, $A^{\mathrm{t}}A = A^2 = V$.

▶**問 5.3.1**   ある都市で一日平均 25 件の交通事故が起こるとする [44]. 一日に事故が 35 件起きたなら, それは単なる偶然か, それとも何らかの事故誘発要因があったと考えるべきか？ 例 5.3.3 を参考に推論せよ.

---

[43] 本書の範囲を超えるが, 中心極限定理の拡がりや深さを示唆するために紹介する. また, 定理 5.3.4 は, 定理 7.2.2 の証明にも応用できる（後述）.

[44] 例えば京都市の場合, 2009 年度の全事故件数=9342. よって一日平均 25.59⋯.

統計学入門

これまで，確率論の立場から，確率変数 X の平均 $m = EX$ や分散 $v = \operatorname{var} X$ などを論じてきた．確率論によれば確率変数 X の分布が決まれば，平均も分散も決まる．これに対し，統計学の考え方はこうである：何らかの分布は存在するが，分布の正体はもちろん，その平均や分散も未知であり，調査によって得られたデータをもとに**推定**するしかない．確率論が，極端な言い方をすると「創造神」になったつもりで偶然現象を再構築するのに対し，統計学はあくまで人間目線である．

なお，確率論と統計学では，同じものを指すにも違う用語を使うことが多い．主なものを対照してみる（確率論 $\longrightarrow$ 統計学）

$$
\begin{array}{lcl}
\text{分布} & \longrightarrow & \text{母集団} \\
\text{確率変数 } X_1, \ldots, X_n & \longrightarrow & \text{標本数 } n \text{ の標本} \\
\text{平均・分散} & \longrightarrow & \text{母平均・母分散} \\
\text{iid} & \longrightarrow & \text{無作為抽出された標本}
\end{array}
\tag{6.1}
$$

6

母平均・母分散のように，分布の数学的定義に内在し，その特性を反映する実数値を**母数**と呼ぶ．

6.1   点 推 定

例 6.1.1（出生率の男女差：その１）　世界的にみて男子出生率 ((男子新生児
数/新生児数)×100 %) は女子出生率より高い．男子出生率が $50+X$ %のと
き，出生率男女差 X %と言うことにする[45]．例えば日本で 1995 年度から 2004
年度まで X の値は次の表のとおりだった．このデータから，今後の出生率男
女差は何%程度で推移すると見積もれるか？　また，その予想と実際の値の
ずれ具合はどのくらいに見積もれるか？

表 6: 日本での出生率男女差 X %

年度	1995	1996	1997	1998	1999	2000	2001	2002	2003	2004	和
X	1.27	1.37	1.27	1.32	1.35	1.42	1.33	1.38	1.33	1.28	13.32

上の例で述べた問題に答えるために，一般論を準備する．

定義 6.1.2　実数値確率変数（あるいはデータとして集められた数値）$X_1, \ldots,$
X_n に対し以下の量を定める：

$$\overline{X} = \frac{1}{n} \sum_{j=1}^{n} X_j \quad \text{(標本平均)}, \tag{6.2}$$

$$|X|^2 = \sum_{j=1}^{n} X_j^2 \quad \text{(平方和)}, \tag{6.3}$$

$$\langle X \rangle = \sum_{j=1}^{n} (X_j - \overline{X})^2 \quad \text{(偏差平方和)}, \tag{6.4}$$

また

$$\frac{1}{n-1} \langle X \rangle \text{ を不偏分散と呼ぶ}. \tag{6.5}$$

さらに，上記 (6.2)–(6.5) のように $X_1, \ldots, X_n$ の関数として得られる量を統

---

[45] 本来の「差」は $(50+X) - (50-X) = 2X$ だが，2 倍する手間を省き，X を「差」と呼
ぶ．

計量と呼ぶ[46].

次の命題（命題 2.2.3 の類似）は，例 6.1.1 のような具体的数値 $X_1, \ldots, X_n$ から $\overline{X}, \langle X \rangle$ を計算する際に役立つ.

命題 6.1.3 定義 6.1.2 の記号で，$a, b \in \mathbb{R}$, $Y_j = a + bX_j$ とすると，

$$\overline{Y} = a + b\overline{X}, \quad \langle Y \rangle = b^2 \langle X \rangle, \tag{6.6}$$

$$\langle X \rangle = |X|^2 - n\overline{X}^2, \quad n\langle X \rangle = n|X|^2 - \left(\sum_{j=1}^n X_j\right)^2. \tag{6.7}$$

証明 (6.6)：第一式は定義から明らか．また，各 j に対し $Y_j - \overline{Y} = b(X_j - \overline{X})$. その平方和として第二式を得る.

(6.7)：第一式を n 倍すれば第二式を得るので，前者のみ示す．そのために以下に注意する：

1) $\displaystyle\sum_{j=1}^n (X_j - \overline{X}) = \underbrace{\sum_{j=1}^n X_j}_{=n\overline{X}} - n\overline{X} = 0,$

2) $X_j^2 = (X_j - \overline{X} + \overline{X})^2 = (X_j - \overline{X})^2 + 2\overline{X}(X_j - \overline{X}) + \overline{X}^2.$

2) の両辺に，$\sum_{j=1}^n$ を施し，1) に注意すると $|X|^2 = \langle X \rangle + n\overline{X}^2$. \\(^□^)/

注 $\sum_{j=1}^n X_j$ と $|X|^2$ から (6.7) 第二式により $n\langle X \rangle$ が計算できる．それを n で割れば偏差平方和，$n(n-1)$ で割れば不偏分散が計算できる.

以下，Ω を集合，P を Ω 上の確率測度とする．次の命題は，すぐ後で説明する点推定の数学的根拠となる.

---

[46] 用語：「偏差平方和」および記号 $\langle X \rangle$ は一般的でなく，本書独自のものであるが，これらを導入すると後々便利である．不偏分散の定義で，n でなく，$n-1$ で割る理由は命題 6.1.4（後述）で (6.9) の第一式を成立させるため．$\frac{1}{n}\langle X \rangle$ は**標本分散**と呼ばれるが，本書では今後登場しない.

命題 6.1.4　定義 6.1.2 で $X_1, \ldots, X_n \in L^2(P)$ を iid, $EX_j = m$, $\operatorname{var} X_j = v$ とするとき,

$$E\overline{X} = m, \ \ \operatorname{var}\overline{X} = \frac{v}{n}, \ \ \text{かつ} \ \ \overline{X} \overset{n\to\infty}{\Longrightarrow} m \ (\text{確率収束}), \qquad (6.8)$$

$$\frac{1}{n-1} E\langle X \rangle = v, \ \ \text{かつ} \ \ \frac{1}{n-1}\langle X \rangle \overset{n\to\infty}{\Longrightarrow} v \ (\text{確率収束}). \qquad (6.9)$$

(6.8) は (3.14) と大数の法則 (定理 5.2.1) による. (6.9) の証明も基本的には (6.8) と同様だが, 少し長いので本節末の補足で述べることにし, ここでは注意と具体例を述べる.

注　定理 5.2.9 を用いれば, 上記で「確率収束」とした部分を, より強く「確率 1 での収束」に置き換えられる(定理 5.2.9 後の注参照). ここでは, 定理 5.2.1 を用いるので,「確率収束」だけを主張する.

　命題 6.1.4 の確率収束より, n が十分大きければ $\overline{X}, \frac{1}{n-1}\langle X \rangle$ をそれぞれ m, v の近似値と考えられる. このように, ひとつ選んだ $\omega \in \Omega$ に対し iid $X_1, X_2, \ldots, X_n$ の値:$X_1(\omega), X_2(\omega), \ldots, X_n(\omega)$ を観測し, X_j の分布についての情報 (典型的には, 母平均や母分散) を知ろうとする手法を**点推定**と言う. NHK の内閣支持率調査 (例 5.2.3) もその典型である.

例 6.1.1 の続き:年度ごとの出生率男女差は iid $X_1, \ldots, X_n$ の値 ($n = 10$ で, $j = 1, \ldots, n$ がそれぞれ 1995 年,$\ldots$,2004 年に対応) と考えられる. そこで, その母平均 m, 母分散 v の値を点推定する. 命題 6.1.4 より $\overline{X}, \frac{1}{n-1}\langle X \rangle$ はそれぞれ m, v に近いと考えてよい. したがって, 今後の出生率男女差も平均的には約 $\overline{X}$ %, また, 平均からのずれ [47] は約 $\pm\sqrt{\frac{1}{n-1}\langle X \rangle}$ %に見積もれる. 表より

$$\overline{X} \ = \ 13.32/10 = 1.332,$$

$$|X|^2 \ = \ 1.27^2 + 1.37^2 + \cdots + 1.28^2 = 17.7646,$$

$$\langle X \rangle \overset{(6.7)}{=} |X|^2 - n\overline{X}^2 = 17.7646 - 10 \cdot (1.332)^2 = 0.02236,$$

---

[47] 確率変数の平均からのずれは大体 $\pm\sqrt{\text{分散}}$.

$$\langle\, X\,\rangle/9 \;=\; 0.0024844\cdots,$$

$$\sqrt{\langle\, X\,\rangle/9} \;=\; \sqrt{0.02236/9}\ \overset{\text{ほぼ}}{=}\ 0.0498.$$

今後，出生率男女差は平均的に約 1.33 ％，平均からのずれは約 ±0.05 ％と予想される．

例 6.1.5（東京の夏は暑くなった？　その１） 最近は夏になると報道番組等で「ヒートアイランド現象」，「東京の熱帯化」… といった語句を耳にするようになった．本書では以後，統計学の立場から，「東京の夏は暑くなった？」をシリーズで検証する．

1950 年以来，東京での 8 月の平均気温 $X°\mathrm{C}$ は次の表のとおりである[48]．例えば 1950 年代のデータは一番上の行（横向き）に並んでいる．

表 7: 東京での 8 月の平均気温 $X°\mathrm{C}$

j	0	1	2	3	4	5	6	7	8	9	和	平方和
195j 年	26.2	26.7	26.8	25.0	27.0	26.3	25.4	27.3	25.8	26.7	263.2	6932.24
196j 年	26.4	26.8	28.1	26.6	27.8	26.7	26.9	28.0	26.6	27.2	271.1	7353.11
197j 年	27.4	26.7	26.6	28.5	27.1	27.3	25.1	25.0	28.9	27.4	270.0	7304.14
198j 年	23.4	26.2	27.1	27.5	28.6	27.9	26.8	27.3	27.0	27.1	268.9	7247.97
199j 年	28.6	25.5	27.0	24.8	28.9	29.4	26.0	27.0	27.2	28.5	272.9	7468.91
200j 年	28.3	26.4	28.0	26.0	27.2	28.1	27.5	29.0	26.8	26.6	273.9	7510.35

10 年ごと（1950 年代，1960 年代，$\cdots$，2000 年代）の標本平均は

$$26.32,\quad 27.11,\quad 27.00,\quad 26.89\quad 27.29,\quad 27.39$$

と，少しずつだが増加傾向がうかがえる．10 年ごとの偏差平方和を求める．表から 1980 年代，1990 年代，2000 年代ごとの偏差平方和は

$$\langle\, X\,\rangle \overset{(6.7)}{=} |X|^2 - n\overline{X}^2 = \begin{cases} 7247.97 - 10\times(26.89)^2 &= 17.249, \\ 7468.91 - 10\times(27.29)^2 &= 21.469, \\ 7510.35 - 10\times(27.39)^2 &= 8.229. \end{cases}$$

---

[48] 出典は気象庁の電子閲覧室 (http://www.data.kishou.go.jp/index.htm).

以上から，1980 年代，1990 年代，2000 年代ごとの不偏分散は

$$17.249/9 = 1.917, \quad 21.469/9 = 2.385, \quad 8.229/9 = 0.9143.$$

したがって，それぞれの年代内での気温のばらつきは，平均値 ± で

$$\sqrt{1.917} = 1.385, \quad \sqrt{2.385} = 1.544, \quad \sqrt{0.9143} = 0.9562.$$

1990 年代は，'93 年の冷夏，'95 年の猛暑など夏の気温の年による変動が大きかったことを記憶しているが，不偏分散の値にもそれが表れている．一方，2000–2009 年の夏の気温には年による変動が小さい(2010 年は猛暑だったが)．

補足 1： (6.9) の証明

1) $\quad E(X_j^2) \overset{(2.22)}{=} \mathrm{var}\, X_j + m^2 = v + m^2.$

$j = 1, \ldots, n$ について和をとり，

2) $\quad E(|X|^2) = (v + m^2)n.$

また，

3) $\quad E(\overline{X}^2) \overset{(2.22)}{=} \mathrm{var}\, \overline{X} + (E\overline{X})^2 \overset{(6.8)}{=} \dfrac{v}{n} + m^2.$

よって，

$$E\langle X \rangle \overset{(6.7)}{=} E(|X|^2) - nE(\overline{X}^2) \overset{2),3)}{=} (v + m^2)n - (v + m^2 n) = (n-1)v.$$

これで (6.9) の前半が言えた．次に後半を示す．1) より $|X|^2$ は平均 $v + m^2$ の iid X_j^2 $(j = 1, \ldots, n)$ の和．よって定理 5.2.1 より

4) $\quad \dfrac{1}{n}|X|^2 \overset{n \to \infty}{\longrightarrow} v + m^2$ （確率収束）

(6.8), 4) および確率収束の足し算・掛け算可能性（問 5.2.1）から

$$\frac{1}{n}\langle X \rangle \overset{(6.7)}{=} \frac{1}{n}|X|^2 - \overline{X}^2 \overset{n \to \infty}{\longrightarrow} (v + m^2) - m^2 = v \quad （確率収束）$$

上記で, $\frac{1}{n}$ は $\frac{1}{n-1}$ に置き換えても同じだから, (6.9) の後半が言える. \\(^□^)/

補足 2: 本書では, 読者の記憶面での負担軽減のため, 統計学の専門用語を必要最小限に留めている. 他書との相互参照の便宜のため, 統計学の他の教科書によく現れる専門用語 (本書では用いない) を, 次の定義 6.1.6 で補足する.

定義 6.1.6 ($\star$) 次の状況を考える.

- $S \subset \mathbb{R}$, μ は S 上の分布で母数 $\theta \in \mathbb{R}$ をもつ ((6.1) のすぐ後を参照).

- $X_1, \ldots, X_n$ は分布 μ に従う iid.

- $f_n : \underbrace{S \times \cdots \times S}_{n} \to \mathbb{R}$ $(n = 1, 2, \ldots)$, $Y_n = f_n(X_1, \ldots, X_n)$.

▶ 何らかの意味で $Y_n \to \theta$ $(n \to \infty)$ なら, Y_n を θ の**推定量**と呼ぶ. 特に $Y_n \to \theta$ (確率収束) なら, Y_n を**一致推定量**と呼ぶ.

▶ $Y_n \in L^1(P)$ かつ $EY_n = \theta$ $(n = 1, 2, \ldots)$ なら, Y_n を**不偏推定量**と呼ぶ.

これらの用語を用いると命題 6.1.4 の内容は「iid $X_1, \ldots, X_n \in L^2(P)$ に対する標本平均・不偏分散 (定義 6.1.2) は, それぞれ母平均・母分散の一致推定量かつ不偏推定量である」と言える.

▶**問 6.1.1** B 教授が担当する数理統計の授業は, 定員制のため受講者数は毎年同じで, 過去 10 年間の合格者数は 30, 34, 35, 34, 39, 27, 32, 34, 37, 38 だった. この資料について, 標本平均, 偏差平方和, 不偏分散を求めよ.

▶**問 6.1.2** 東京での 8 月の平均気温 $X°C$ について偏差平方和, 不偏分散を, 1950 年代, 1960 年代, 1970 年代の 10 年ごとに求めよ.

▶**問 6.1.3** 1981 年から 2010 年までに 5 年以上, 読売ジャイアンツを指揮した四監督の年度別勝率を表にした(在任期間は 1981 年から 2010 年までに限っ

表 8: 読売ジャイアンツ四監督の勝率

監督（在任期間）	在任中年度別勝率（順位）
藤田元司 (1981–83, 1989–92)	.603(1), .569(2), .590(1), .656(1), .677(1), .508(4), .515(2)
王 貞治 (1984–88)	.554(3), .504(2), .610(2), .639(1), .535(2)
長嶋茂雄 (1993–2001)	.492(3), .538(1), .554(3), .592(1), .467(4), .541(3), .556(2), .578(1), .543(2)
原 辰徳 (2002–03, 2006–10)	.623(1), .518(3), .451(4), .559(1), .596(1), .659(1), .552(3)

て数えた）．監督ごとの標本平均，偏差平方和，不偏分散を求めよ．

6.2 区間推定

区間推定の考え方を説明するため，例 6.1.5 のデータをもう一度用いる．

例 6.2.1 1950 年以来，東京での 8 月の平均気温 $X°\mathrm{C}$ は例 6.1.5 の表のとおりである．身長，試験の点数などを数多く集めると，それらの数字の分布は近似的に正規分布に従う．そこで，1980 年から 2009 年までの 30 年間のデータを

$$\text{iid } X_1,\dots,X_n \approx N(m,v)\ (n=30)\ \text{の値} \tag{6.10}$$

と仮定すると，m,v はどんな値か？ 例 6.1.5 の表より

$$\overline{X} = (268.9 + 272.9 + 273.9)/30 = 27.19,$$
$$|X|^2 = 7247.97 + 7468.91 + 7510.35 = 22227.23,$$
$$\langle\, X\,\rangle \overset{(6.7)}{=} |X|^2 - n\overline{X}^2 = 22227.23 - 30 \times (27.19)^2 = 48.347,$$
$$\frac{1}{n-1}\langle\, X\,\rangle = 48.347/29 = 1.66713\cdots$$

$\frac{1}{n-1}\langle X\rangle$ は v の近似値と考えられる(命題 6.1.4)．そこで，ここでは $v = 1.6671$ を既知と仮定し，m の推定法を述べる．

そのために次の結果を用いる.

命題 6.2.2 独立確率変数 $X_j \approx N(m_j, v_j)$ $(j = 1, \ldots, n)$ に対し

$$\overline{X} \approx N(\overline{m}, \tfrac{\overline{v}}{n}), \quad \sqrt{\tfrac{n}{\overline{v}}}\left(\overline{X} - \overline{m}\right) \approx N(0, 1). \tag{6.11}$$

ただし,$\overline{X} = \frac{1}{n}\sum_{j=1}^n X_j$,$\overline{m} = \frac{1}{n}\sum_{j=1}^n m_j$,$\overline{v} = \frac{1}{n}\sum_{j=1}^n v_j$. 特に $m_j \equiv m$,$v_j = v$ なら,

$$\overline{X} \approx N(m, \tfrac{v}{n}), \quad \sqrt{\tfrac{n}{v}}(\overline{X} - m) \approx N(0, 1). \tag{6.12}$$

証明 $\sum_{j=1}^n X_j \overset{\text{命題 4.1.4}}{\approx} N(\overline{m}n, \overline{v}n)$. これと例 1.5.5 より (6.11) を得る.

$$\backslash(^\square^)/$$

正規母集団(分散は既知)の平均を推定:命題 6.2.2 を用い,標本 $X_j \approx N(m, v)$ (v は既知,$j = 1, \ldots, n$)の値からの m の推定法を述べる. $\mu = N(0, 1)$,$\alpha \in (0, 1/2]$ に対し $x(\alpha)$ を (1.21) で定め,$I = [-x(\alpha), x(\alpha)]$ とすると

$$P\left(\sqrt{\tfrac{n}{v}}(\overline{X} - m) \in I\right) \overset{(6.12)}{=} \mu(I) \overset{(1.21)}{=} 1 - 2\alpha. \tag{6.13}$$

さらに,上記 $P(\cdot)$ の中身を m について解いた形に書き直し,

$$P(m \in J) = 1 - 2\alpha, \quad \text{ただし} \quad J = \left[\overline{X} - x(\alpha)\sqrt{\tfrac{v}{n}}, \ \overline{X} + x(\alpha)\sqrt{\tfrac{v}{n}}\right]. \tag{6.14}$$

(6.14) の区間 J を,m の推定に関して**信頼率** $1 - 2\alpha$(または $100 \times (1 - 2\alpha)$ %)の**信頼区間**(略して「$100 \times (1 - 2\alpha)$ %信頼区間」)と言う [49].

例 6.2.1 の続き: 例 6.2.1 で,m に対し 99%および 95%信頼区間を求める [50].

---

[49] 信頼率を CL と記すことも多い (confidence level の略). また,$1 - 2\alpha$ を**信頼係数**と言うこともある.

[50] 以下,等号 = は厳密な等号ではなく,誤差を含む.

信頼率 99 %, 95 % はそれぞれ $\alpha = 0.005,\ 0.025$ に対応し，正規分布表
(p.17) より，$x(0.005) = 2.5758,\ x(0.025) = 1.9600$. ゆえに

$$
x(\alpha)\sqrt{\frac{v}{n}} = \left\{
\begin{array}{ll}
2.5758 \times \sqrt{1.6671/30} = 0.6072, & \alpha = 0.005, \\
1.9600 \times \sqrt{1.6671/30} = 0.4620, & \alpha = 0.025.
\end{array}
\right.
$$

この値と $\overline{X} = 27.19$ を (6.14) に代入し，99 % および 95 %信頼区間はそれぞ
れ，$[26.58,\ 27.80],\ [26.73,\ 27.65]$.

信頼区間と信頼率の関係：例 6.2.1 でもわかるように，信頼率を高くすると，
その分，信頼区間は大きくなる．あまりよい例とは言えないが，区間推定は，
警察による「犯人探し」と思うとわかりやすい．「犯人」が未知母数(いまの
場合は m)，「捜索範囲」が「信頼区間」，捜索範囲内に犯人がいる確率が「信
頼率」となる．

　捜索範囲内に犯人がいる確率は高い方がよいし，捜索範囲は狭い方がよい．
ところが，

- 捜索範囲を狭めると，その分，犯人がいる確率も小さくなる．

- 一方，犯人がいる確率を大きくするには捜索範囲を広げなければなら
  ない．

つまり，信頼率と信頼区間は，互いに一方をよくしようとすると，他方を犠
牲にする関係にある．

中心極限定理による区間推定：命題 6.2.2 の仮定：$X_j \approx N(m,v)$ より，(6.13)
は厳密な等式だが，仮に $X_1, X_2, \ldots$ が平均 m，分散 v の iid とだけ仮定して
も，中心極限定理（定理 5.3.1）より，(6.13) の左辺は $n \to \infty$ で $\mu(I)$ に漸近
する．したがって n が大きいときは，母集団にあらかじめ正規性を仮定しな
くても，上記推定法は有効である．命題 6.2.2 の代わりに中心極限定理を応
用した区間推定の例を一つ挙げる．

例 6.2.3（**内閣支持率**）記号は例 5.2.3 のとおり，$n = 1500$ とする．真の内閣支持率 p と NHK ニュースで報道される内閣支持率 $S_n/n = \overline{X}$ の誤差はどの程度か？

(5.22) より $\sqrt{\frac{n}{p(1-p)}}(\overline{X} - p)$ の分布は $N(0,1)$ に近い．そこで，(6.13) が，$m = p, v = p(1-p)$ として成立すると見なせば，p に対する $100(1-2\alpha)$ ％信頼区間は (6.14) の J で与えられ，95 ％信頼区間は $\alpha = 0.025$, $x(\alpha) = 1.96$ に対応する（例 1.3.4 の表：p.17）．また，$v \leq 1/4$ より

$$x(\alpha)\sqrt{\frac{v}{n}} \leq \frac{x(\alpha)}{2\sqrt{n}} = \frac{1.96}{2\sqrt{1500}} \overset{\text{ほぼ}}{=} 0.025.$$

したがって，確率 95 ％で，真の支持率と報道される支持率の誤差は ±2.5 ％以内である．

▶**問 6.2.1** 信頼区間 (6.14) の幅を $1/\ell$ にする（$\ell > 1$, その分，推定の精度は上がる）には，n を何倍にする（その分，標本収集の手間は増える）必要があるか？

▶**問 6.2.2** 例 6.2.1 と同様の区間推定を 1950 年から 1979 年までの 30 年間のデータを用いて実行し，平均 m に対し 99 ％および 95 ％信頼区間を求めよ．

▶**問 6.2.3** 例 6.2.3 において，確率 95 ％で，真の支持率と報道される支持率の誤差を ±1 ％以内にするには，少なくとも何人調査する必要があるか？

6.3 仮説検定

仮説検定の考え方を次の例に即して説明する．

例 6.3.1 あなたと私が次のような賭けをしたとする．硬貨を投げて表が出ればあなたの勝ち，裏なら私の勝ちとする．一回につき千円賭け，n 回勝負．

各勝負はあなたにとって勝率 $p = 1/2$ のはず …. ところが, n 回勝負 (n は十分大) の後あなたの全敗だったら, あなたは

$$\text{いかさまだ!} \tag{6.15}$$

と思うだろうし, あなたの全勝なら, 逆に私がそう思うだろう. この賭けが本当に不公正であると論証できるか? 「イカサマでなく, タマタマ (運が悪かっただけ) だよ, ははは」と一笑に付されたら, どう反論するか?

仮説検定は, 例えば上の賭けが「いかさま」かを判断し, かつ判断ミスの確率を小さくする方法を教えてくれる. 一定の基準で「いかさま」と判断した上で, 判断ミスの確率が小さければ, 判断に説得力がある. その手順を例に即して見てゆこう.

手順 1, 仮説の設定: (6.15) をもう少し論理的に表現すると,

$$p = 1/2 \text{ なら稀な事象が起こった. したがって実は } p \neq 1/2. \tag{6.16}$$

(6.16) のような考え方を, 統計の言葉で**帰無仮説**の**棄却**, あるいは**対立仮説**の**採択**, と言う. ここで,

▶ 対立仮説とは例 6.3.1 の $p \neq 1/2$ のように, 証明しようとする仮説,

▶ 帰無仮説とは例 6.3.1 の $p = 1/2$ のように対立仮説の否定命題である.

▶ 慣例に従い, 帰無仮説, 対立仮説をそれぞれ H_0, H_1 と書く.

定義から, H_0, H_1 は互いに他方の否定命題である [51].

手順 2, 検定統計量の選定: 例 6.3.1 であなたの勝ち数を Z とすると, $H_0 : p = 1/2$ の下で, Z は $(n, 1/2)$-二項分布する(例 4.1.1). 例 4.1.1 の棒グラフ

---

[51] 例 6.3.1 では $H_0 : p = 1/2, H_1 : p \neq 1/2$ だが, 例えば何らかの事前情報により $p \leq 1/2$ がわかると, $H_0 : p = 1/2, H_1 : p < 1/2$ となる(見かけ上, H_0, H_1 は他方の否定より狭くなる).

からもわかるように，$(n, 1/2)$-二項分布する確率変数の値が，平均 $n/2$ から遠く離れる確率は小さい．したがって，Z が極端に大きい，あるいは小さければ，H_0 に合理的疑いが生じる．一般に，

▶ H_0 の下で分布が決まり，H_0 の棄却に際し判断基準とする統計量を**検定統計量** と言う．

ここから先は状況を少し一般化し，集合 $S \subset \mathbb{R}$，および確率変数 $Z : \Omega \to S$ が検定統計量として選ばれていて，あらかじめ設定された帰無仮説 H_0 の下で Z の分布は μ とする（例 6.3.1 では $S = \{0, 1, \dots, n\}$，μ は $(n, 1/2)$-二項分布）．

手順 3，危険率・棄却域の設定： 以下で述べるように，H_0 の棄却は確率的判断であり，間違う確率をゼロにできない．そこで，その確率の上限とする十分小さな数 α（多くは $\alpha=0.05$ または 0.01）をあらかじめ設定する．さらに $A \subset S$ を

$$\mu(A) \leq \alpha \tag{6.17}$$

となるように，H_0, H_1, Z に応じて適切に選ぶ．A を**棄却域**，α を**危険率**または**有意水準**と言う．

手順 4，仮説の判定： H_0 の下で $P(Z \in A) = \mu(A) \overset{(6.17)}{\leq} \alpha$（十分小）．そこで，次のように判断する：

$$\left.\begin{array}{l} Z \in A \text{ なら } H_0 \text{ を棄却する（} H_1 \text{ を採択する）} \\ Z \notin A \text{ なら } H_0 \text{ を棄却しない（} H_1 \text{ を採択しない）} \end{array}\right\} \tag{6.18}$$

この際，実は H_0 は正しいのに，たまたま $Z \in A$ が起こったために棄却されることも起こり得るが，その確率 $\mu(A)$ は十分小さい[52]（あらかじめ設定した α 以下）．H_0 は通常，$\theta_1 = \theta_2$ といった等式で表される（例 6.3.1 では $p = 1/2$）．

---

[52] このように，帰無仮説が正しいのに棄却することを**第一種の誤り**，逆に帰無仮説が正しくないのに棄却しないことを**第二種の誤り**と言う．

このとき,「H_0 を棄却する（しない）」の代わりに「θ_1,θ_2 に**有意差** がある（ない）」と言うこともある.

注 1　仮説検定は「統計的背理法」と言える. 例えば「$\sqrt{2}$ が無理数」を示すために,あえて「$\sqrt{2}$ は有理数」を仮定し矛盾を導くのが背理法である. 仮説検定では,示そうとする H_1 の否定 H_0 から「統計的矛盾」（H_0 の下で $Z \in A$ の確率が小さいという意味で, H_0 と $Z \in A$ は統計的に矛盾）を導き, H_1 を主張する.

注 2　上で述べたように H_0 と $Z \in A$ は統計的に矛盾する. 一方, $Z \notin A$ に何ら矛盾はない. 次の論理は明らかに間違いである：

　背理法で矛盾が出ない $\implies$ 背理法の仮定（例えば「$\sqrt{2}$ は有理数」）は正しい.

これと同様に一般には, $Z \notin A$ のとき H_0 を肯定はできない. ただし, 応用上の特定の状況で, $Z \notin A$ を H_0 支持の根拠とすることもある [53].

例 6.3.1 の続き：$n = 10$ とする.「賭けが不公正」という仮説を危険率 0.05で検定しよう. これは $H_1 : p \neq 1/2$ に対し, $H_0 : p = 1/2$ の検定である. すでに述べたように, H_0 の下で, あなたの勝ち数 Z の分布 μ は $(n, 1/2)$-二項分布. また, Z が大きすぎるか, 小さすぎれば H_0 を棄却するので, 棄却域A は次のように選ぶ：

$$0 \leq \ell < n/2, \quad A = \{0, \ldots, \ell\} \cup \{n - \ell, \ldots, n\}. \tag{6.19}$$

$\alpha = 0.05$ で (6.17) が成立する ℓ の範囲を求めよう. $\rho(k) = \binom{n}{k}/2^n$ とすると,

$$\mu(A) = \sum_{k \leq \ell} (\rho(k) + \rho(n-k)) = 2 \sum_{k \leq \ell} \rho(k) \tag{6.20}$$

（最後の変形で $\rho(k) = \rho(n-k)$ を用いた）. さらに,

$$\rho(0) = 1/2^{10} = 1/1024, \quad \rho(1) = 10/1024,$$
$$\rho(2) = \binom{10}{2}\Big/1024 = 45/1024.$$

---

[53] 例えば平均差検定（8.3 節）で $v_1 = v_2$ と仮定してよいとする根拠を, 分散比検定（8.1 節）で $v_1 = v_2$ が棄却されないことに求める.

よって

$$(6.20) \text{右辺} = \begin{cases} 22/1024 = 0.0214 \cdots < 0.05, & \ell = 1, \\ 112/1024 = 0.1093 \cdots > 0.05, & \ell = 2. \end{cases} \qquad (6.21)$$

したがって，求める範囲は $\ell = 0, 1$．つまり，あなたの勝ち数が 1 回以下，あるいは 9 回以上なら賭けが不公正と判断される（危険率 0.05）．

対立仮説のとり方により，適切な棄却域の形も変わることを次の例で示す．

例 6.3.2 例 6.3.1 の賭けで，何らかの事前情報で $p \le 1/2$ が既知とする．さらに，あなたはこの賭けが「自分に不利」$(p < 1/2)$ では？ と思い，それを示したいとする．これは，$H_1 : p < 1/2$ に対し $H_0 : p = 1/2$ の検定になる．この場合，Z が小さすぎれば H_0 を棄却するから，棄却域 A は (6.19) の代わりに次のようにとる：

$$A = \{0, \ldots, \ell\} \quad (\ell < n/2). \qquad (6.22)$$

$n = 10$ とし，$\alpha = 0.05$ で (6.17) が成立する ℓ の範囲を求めよう．上の A に対し，

$$\mu(A) = \sum_{k \le \ell} \rho(k). \qquad (6.23)$$

よって

$$(6.23) \text{右辺} = (6.20) \text{右辺} \times \frac{1}{2}$$
$$\overset{(6.21)}{=} \begin{cases} 11/1024 = 0.0107 \cdots < 0.05, & \ell = 1, \\ 56/1024 = 0.0546 \cdots > 0.05, & \ell = 2. \end{cases}$$

したがって，求める範囲は $\ell = 0, 1$．つまり，あなたの勝ち数が 1 回以下なら賭けがあなたにとって不利と判断される（危険率 0.05）．

仮説検定における棄却域の選び方は，典型的には次の 2 種類である．

a) 両側検定： (6.19) のように検定統計量が大きすぎる値と小さすぎる値を
併せたもの（分布のグラフに対し両方の裾野）を棄却域とする.

b) 片側検定： (6.22) のように，検定統計量が小さすぎる値，あるいは大き
すぎる値のどちらだけ（分布のグラフに対し片方の裾野）を棄却域と
する.

▶問 **6.3.1** 勝率 p の賭け 12 回中，勝ち数を k とする．以下 i), ii) の対立仮
説 H_1 に対し，帰無仮説 $H_0 : p = 1/2$ が危険率 0.05 で棄却される k の範囲
を求めよ.

i) $p \neq 1/2$.   ii) $p < 1/2$.

χ²-分布による推定と検定

7.1 正規母集団の分散を推定——χ^2-分布

例 7.1.1 2000 年代の東京での 8 月の平均気温（例 6.1.5 の表：p.107 参照）を iid $X_1, \ldots, X_n$ $(n = 10)$ の値と考え，$X_j \approx N(m, v)$ $(m, v$ 共に未知$)$ と仮定する．今後の気温変動は $\pm\sqrt{v}$ 程度と予想できるが，v の値について信頼区間を求めたい．

そのために，以下の一般論を用いる．定義 6.1.2 の記号に加え，4.3 節の内容を用いる．これらを復習しておくと理解しやすくなるだろう．

定義 7.1.2 iid $X_j \approx N(0,1)$ $(j = 1, \ldots, k)$ に対し平方和 $X_1^2 + \cdots + X_k^2$ の分布を自由度 k の χ^2-分布 と呼び，χ_k^2 と記す．標語的には：

$$\chi_k^2 \approx \underbrace{N(0,1)^2 + \cdots + N(0,1)^2}_{\text{独立に } k \text{ 個}}. \tag{7.1}$$

実は，χ_k^2 はガンマ分布（定義 4.3.1）の特別な場合である．

定理 7.1.3 $\chi_k^2 = \gamma(\frac{1}{2}, \frac{k}{2})$. したがって χ_k^2 は $(0, \infty)$ 上の連続分布で，次の密度をもつ[54]：

$$\rho(x) = \frac{\left(\frac{1}{2}\right)^{\frac{k}{2}}}{\Gamma\left(\frac{k}{2}\right)} x^{\frac{k}{2}-1} e^{-\frac{x}{2}}. \tag{7.2}$$

---

[54] ドイツの測地学者ヘルメルトが最初に求めた (1876).

証明 $X_1, \ldots, X_k$ が iid, $\approx N(0,1)$ なら $X_1^2, \ldots, X_k^2$ も iid, $\approx \gamma(\frac{1}{2}, \frac{1}{2})$ (命題 3.2.5, 命題 4.3.3). そこで, 命題 4.3.5 を繰り返し適用し, $X_1^2 + \cdots + X_k^2 \approx \gamma(\frac{1}{2}, \frac{k}{2})$.   \(^□^)/

簡易 χ^2-分布表： $\mu = \chi_k^2$, $\alpha \in (0,1)$ とするとき,

$$\mu([x(\alpha), \infty)) = \alpha$$
$$\text{(したがって } \alpha < 1/2 \text{ なら } \mu([x(1-\alpha), x(\alpha)]) = 1 - 2\alpha)$$

(7.3)

を満たす $x(\alpha)$ の近似値を, 本書に十分な範囲で挙げる. より詳しい表は, 統計学の教科書巻末等に載っているし, インターネットからも容易に入手できる.

表 9: 簡易 χ^2-分布表

$\alpha \setminus k$	3	4	5	6	7	8	9	10	11	12
.975	.216	.484	.831	1.237	1.690	2.180	2.700	3.247	3.816	4.404
.95	.352	0.711	1.145	1.635	2.167	2.733	3.325	3.940	4.575	5.226
.05	7.815	9.488	11.070	12.592	14.067	15.507	16.919	18.307	19.675	21.026
.025	9.348	11.143	12.832	14.449	16.013	17.535	19.023	20.483	21.921	23.337

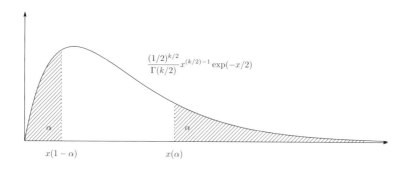

次の定理は, 正規母集団の分散を推定するための数学的基礎となる.

定理 7.1.4 独立確率変数 $X_j \approx N(m_j, v)$ $(j = 1, \ldots, n)$ に対し $\overline{X}, \langle X \rangle$ を (6.2), (6.4) で定めるとき,

$$\overline{X}, \langle X \rangle \text{ は独立}, \quad \overline{X} \approx N(\overline{m}, v/n), \quad \text{ただし} \quad \overline{m} = \frac{m_1 + \cdots + m_n}{n}. \quad (7.4)$$

$$m_1 = \cdots = m_n \text{ なら } \langle X \rangle / v \approx \chi^2_{n-1}. \quad (7.5)$$

証明は後に回し,応用を先に述べる.

(7.5) を用いた分散の推定: (7.5) を用い $N(m, v)$ $(m, v$ 共に未知) に従う標本 (iid) $X_1, \ldots, X_n$ の値から v の値を推定する. (7.3) で $k = n-1, \alpha \in (0, 1/2)$, $I = [x(1-\alpha), x(\alpha)]$ とすると,

$$P(\langle X \rangle / v \in I) \overset{(7.5)}{=} \mu(I) \overset{(7.3)}{=} 1 - 2\alpha.$$

さらに,上記 $P(\cdot)$ の中身を v について解いた形に書き直し,

$$P(v \in J) = 1 - 2\alpha, \quad \text{ただし} \quad J = [\langle X \rangle / x(\alpha), \ \langle X \rangle / x(1-\alpha)]. \quad (7.6)$$

つまり,(7.6) の区間 J が v の推定に関する $100 \times (1 - 2\alpha)$ ％信頼区間である.

例 7.1.1 の続き: 例 7.1.1 の v の値に対し 95 ％信頼区間を求める. 対応する $\alpha, 1 - \alpha$ は $100(1 - 2\alpha) = 95$ より $\alpha = 0.025, 1 - \alpha = 0.975$. そこで χ^2_9 の分布表で探した値

$$x(0.025) = 19.023, \quad x(0.975) = 2.700$$

を用いる. これらと $\langle X \rangle = 8.229$ (例 6.1.5) を (7.6) に代入し, v に対し, 95 ％信頼区間 $= [0.4326, 3.048]$. 実際の気温変動は $\pm\sqrt{v}$ であり, $\sqrt{v}$ に対し 95 ％信頼区間 $= [0.658, 1.746]$.

以下で,定理 7.1.4 を示す.

補題 7.1.5 $n \times n$ 実対称行列 $P_1, \ldots, P_\ell$ が次を満たすとする：

$$P_\alpha \neq \text{零行列}, \quad P_\alpha P_\beta = \delta_{\alpha\,\beta} P_\alpha, \quad \alpha, \beta = 1, \ldots, \ell. \tag{7.7}$$

また，$X_j \approx N(m_j, v)$ $(j = 1, \ldots, n)$ を独立確率変数，$E_\alpha = \{P_\alpha x \,;\, x \in \mathbb{R}^n\}$ とするとき，

$$X = {}^{\mathrm{t}}(X_1, \ldots, X_n) \text{ ((0.14) 参照) に対し } P_1 X, \ldots, P_\ell X \text{ は独立}, \tag{7.8}$$

$$Y = {}^{\mathrm{t}}(X_1 - m_1, \ldots, X_n - m_n) \text{ に対し } P_1 Y, \ldots, P_\ell Y \text{ は独立}, \tag{7.9}$$

$$|P_\alpha Y|^2 / v \approx \chi^2_{d(\alpha)} \ (\alpha = 1, \ldots, \ell), \ \text{ただし} \ d(\alpha) = \dim E_\alpha. \tag{7.10}$$

注 P_α に関する条件は，P_α が E_α への直交射影であることと同値である.

補題 7.1.5 の証明 $m = {}^{\mathrm{t}}(m_1, \ldots, m_n)$ とすると $X = Y + m$ より $P_\alpha X = P_\alpha Y + P_\alpha m$. よって $(7.8) \Leftrightarrow (7.9)$. ゆえに，$(7.9), (7.10)$ を示せば十分. 以下，$\alpha = 1, \ldots, \ell$ に対し

$$n(0) = 0, \quad n(\alpha) = d(1) + \cdots + d(\alpha),$$

$$I_\alpha = n(\alpha - 1) < j \leq n(\alpha) \text{ に対し } (j, j) \text{ 成分は 1,}$$

$$\text{その他の成分はすべて 0 の行列}$$

とする. まず，$P_\alpha = I_\alpha$ $(\alpha = 1, \ldots, \ell)$ という特別な場合を通じ証明の本質を理解しよう. このとき

1) $\quad I_\alpha Y = {}^{\mathrm{t}}(\underbrace{0, \ldots, 0}_{n(\alpha-1)}, \underbrace{Y_{n(\alpha-1)+1}, \ldots, Y_{n(\alpha)}}_{d(\alpha)}, \underbrace{0, \ldots, 0}_{n-n(\alpha)}).$

よって $I_\alpha Y$ $(\alpha = 1, \ldots, \ell)$ は α が異なると，共通の Y_j を含まないから独立. また，

2) $\quad Y_j / \sqrt{v}$ $(j = 1, \ldots, n)$ は $N(0, 1)$ に従う iid (例 1.5.5).

よって, 各 $\alpha = 1, \ldots, \ell$ に対し

3) $\quad |I_\alpha Y|^2 / v \overset{1)}{=} \sum_{j=n(\alpha-1)+1}^{n(\alpha)} (Y_j/\sqrt{v})^2 \overset{2), (7.1)}{\approx} \chi^2_{d(\alpha)}.$

このように, 特別な場合の証明は容易である. 次に, P_α が一般の場合をまず直感的に説明する. $P_\alpha Y \ (\alpha = 1, \ldots, \ell)$ は, 必要なら番号 α を適当に入れ替えることにより, 下図 ($n = \ell = 2$ の場合) のように, 回転させた座標軸に Y を射影したものである.

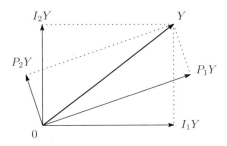

本書を少し右方向に回転させて図を見れば $P_\alpha Y$ が座標軸方向になり, Y の分布は回転不変 (問 1.5.6, (3.8)) なので, $I_\alpha Y$ を $P_\alpha Y$ に置き換えても同じ結果が成り立つ. この説明で十分なら, これで証明終わり \(^□^)/ ということにしてもよい. この説明だけではあきたらない読者のため, 以下 P_α が一般の場合を厳密に示す. とは言え, 結局, 上の直感を数式に翻訳するだけである.

仮定より, $E_1, \ldots, E_\ell$ は互いに直交する. したがって $\mathbb{R}^n$ の正規直交基底 $u_1, \ldots, u_n$ を, 各 $\alpha = 1, \ldots, \ell$ に対し $u_j \ (n(\alpha-1) < j \leq n(\alpha))$ が E_α の基底となるようにとれる. それらを並べてできる直交行列 $U = (u_1, \ldots, u_n)$ を考えると, 各 $\alpha = 1, \ldots, \ell$ に対し

$$P_\alpha u_j = \begin{cases} u_j, & n(\alpha-1) < j \leq n(\alpha), \\ 0, & \text{上記以外}, \end{cases} \quad \text{つまり} \quad P_\alpha U = U I_\alpha.$$

$Y_j \approx N(0, v)$ より ${}^t U Y \approx Y$ (問 1.5.6, (3.8)). これと $P_\alpha = U I_\alpha {}^t U$ より,

4) $(P_1Y, \ldots, P_\ell Y) = (UI_1\,{}^{\mathrm{t}}UY, \ldots, UI_\ell\,{}^{\mathrm{t}}UY) \approx (UI_1Y, \ldots, UI_\ell Y)$ $(\mathbb{R}^{\ell n}$-値確率変数として$)$.

一方, 1) より $I_1Y, \ldots, I_\ell Y$ は独立. したがって $UI_1Y, \ldots, UI_\ell Y$ は独立. これと 4) より (7.9) を得る. さらに, 各 $\alpha = 1, \ldots, \ell$ に対し

$$|P_\alpha Y|^2/v \overset{4)}{\approx} |UI_\alpha Y|^2/v = |I_\alpha Y|^2/v \overset{3)}{\approx} \chi^2_{d(\alpha)}. \qquad \backslash(\hat{}_{\square}\hat{})/$$

定理 7.1.4 の証明　$\overline{X} \overset{(6.11)}{\approx} N(\overline{m}, v/n)$. そこで, その他の主張を示す. $e = {}^{\mathrm{t}}(\underbrace{1, \ldots, 1}_{n})$, $P_1 = \frac{1}{n}(\underbrace{e, \ldots, e}_{n})$, $P_2 = I - P_1$ (I は単位行列) とおくと, P_1, P_2 は実対称かつ (7.7) を満たす. また

1)　　　$P_1X = \overline{X}e, \quad |P_2X|^2 = \langle\, X\,\rangle.$

よって (7.8) より (7.4) の独立性部分を得る. 以下, (7.5) を示すため $m_1 = \cdots = m_n$ とする. このとき, $Y \overset{\mathrm{def}}{=} {}^{\mathrm{t}}(X_1 - m_1, \ldots, X_n - m_n) = X - m_1 e$. ゆえに, $P_2 e = 0$ より

2)　　　$P_2X = P_2Y.$

また,

3)　　　$E_2 \overset{\mathrm{def}}{=} \{P_2 x\,;\, x \in \mathbb{R}^n\} = \{x \in \mathbb{R}^n\,;\, x_1 + \cdots + x_n = 0\}$ の次元は $n-1$.

以上から　　　$\langle\, X\,\rangle/v \overset{1)}{=} |P_2X|^2/v \overset{2)}{=} |P_2Y|^2/v \overset{3),\,(7.10)}{\approx} \chi^2_{n-1}. \qquad \mathsf{v}(\hat{}_{\varepsilon}\hat{})\mathsf{v}$

▶**問 7.1.1**　1990 年代における東京での 8 月の平均気温 (例 6.1.5 の表参照) から, 例 7.1.1 を参考に, 分散 v の値に対し 95％信頼区間を求めよ.

7.2　適合度検定

　データとして集まった数字が, ある分布に適合するかどうかの検定法を述べる.

例 **7.2.1** 日本人の O, A, B, AB 型の比率は大体 $3:4:2:1$, より詳しくは

$$31 \; : \; 38 \; : \; 22 \; : \; 9$$

である. 血液型比率を世界全体でみると O 型が多く, AB 型は少ないが, 比率は地域によって違う[55]. また, 日本国内では, A 型は西日本, B 型は東日本に多いと言われている. さて, X 県で県民 1000 人の血液検査をおこなったところ O, A, B, AB 型の人数はそれぞれ

$$288, \quad 396, \quad 210, \quad 106$$

だった. この比率は日本人全体の比率と違うと言えるか?

χ^2-分布による検定法を述べ, それを上記の例に適用する.

S を集合, $Y_k : \Omega \to S \; (k = 1, \ldots, n)$ を iid,

$$S = A_1 \cup \cdots \cup A_d, \quad i \neq j \Rightarrow A_i \cap A_j = \emptyset, \tag{7.11}$$

$$p_j = P(Y_k \in A_j), \; j = 1, \ldots, d, \tag{7.12}$$

$$S_{n,j} = \sum_{k=1}^{n} \mathbf{1}_{\{Y_k \in A_j\}} \quad ((0.1) \text{ 参照}) \tag{7.13}$$

とする. さらに $p_j \; (j = 1, \ldots, d)$ とは別に

$$q_j > 0, \; j = 1, \ldots, d, \quad q_1 + \cdots + q_d = 1 \tag{7.14}$$

を考え, 次の仮説を検定する(6.3 節参照):

$$\text{H}_0 : (p_1, \ldots, p_d) = (q_1, \ldots, q_d), \quad \text{H}_1 : (p_1, \ldots, p_d) \neq (q_1, \ldots, q_d). \tag{7.15}$$

例 7.2.1 との対応は次のとおり:

$$(7.11) \quad \leftrightarrow \quad A_1, \ldots, A_d \text{ は血液型 O, A, B, AB を表す } (d = 4),$$

$$(7.12) \quad \leftrightarrow \quad \text{X 県民の血液型 } A_1, \ldots, A_d \text{ の比率は } p_1, \ldots, p_d,$$

---

[55] 「国別血液型比率」(http://homepage2.nifty.com/tabbycats/blood/world.htm) 参照.

(7.13)   ↔   X 県民 n 人を調査したら A_j 型の人が $S_{n,j}$ 人

   (Y_k は k 人目の調査結果),

(7.14)   ↔   日本全体の血液型 $A_1, \ldots, A_d$ の比率は $q_1, \ldots, q_d$.

さて，調査結果から仮説 (7.15) を検定するための検定統計量は，A_j の度数 $S_{n,j}$ と，H_0 に基づく期待度数 nq_j の「近さ」を表すものが自然である．そこで

$$Z_n = \sum_{j=1}^{d} \frac{(S_{n,j} - nq_j)^2}{nq_j} \tag{7.16}$$

とおく．Z_n は確かに $S_{n,j}$ と nq_j の「近さ」を表す．また，各項分母の nq_j は次の定理が成立するための正規化である．

定理 7.2.2 記号は (7.11)–(7.16) のとおりとする．このとき，任意の $x \in (0, \infty)$ に対し

$$\lim_{n \to \infty} P(Z_n \le x) = \begin{cases} \mu((0, x]), & \text{(7.15) で } H_0 \text{ 成立なら,} \\ 0, & \text{(7.15) で } H_1 \text{ 成立なら.} \end{cases} \tag{7.17}$$

ただし，$\mu = \chi_{d-1}^2$（定義 7.1.2）.

定理 7.2.2 の証明は本節末の補足で述べることにし，ここでは応用のみ述べる．

(7.17) による帰無仮説 (7.15) の検定法：データとして与えられた $S_{n,j}$ $(j = 1, \ldots, d)$ の値から，仮説 (7.15) を危険率 α で検定する．

$\alpha \in (0, 1)$ に対し $x(\alpha)$ を (7.3) で定める ($k = d - 1$). n が大きいとき，(7.17) より帰無仮説 (7.15) の下で

$$P(Z_n \le x(\alpha)) \overset{\text{ほぼ}}{=} \mu((0, x(\alpha)]) \overset{(7.3)}{=} 1 - \alpha.$$

そこで，

$$\text{(7.15) の } H_0 \text{ は } Z_n \begin{cases} > x(\alpha) \text{ なら棄却される（危険率 } \alpha\text{）,} \\ \le x(\alpha) \text{ なら棄却されない.} \end{cases} \tag{7.18}$$

この検定を χ^2-**適合度検定**と言う [56].

例 7.2.1 の続き：X 県民の血液型調査結果が，日本人の血液型の比率と適合するかを危険率 $\alpha = 0.05$ で検定する．$d = 4$ なので χ_3^2 の表から $x(0.05) = 7.8$. よって

$$Z_n = \frac{(288 - 310)^2}{310} + \frac{(396 - 380)^2}{380} + \frac{(210 - 220)^2}{220} + \frac{(106 - 90)^2}{90}$$
$$= 5.5339\cdots < 7.8 = x(0.05).$$

ゆえに (7.18) より，H_0 は棄却されない（日本人全体の血液型比率と有意差はない）．

例 7.2.3（FIFA ワールドカップ：その 2） 例 2.1.3 で，1 チーム 1 試合あたりの得点 j の分布 $(0 \leq j \leq 7)$ と c-ポアソン分布 $(c = 101/96)$ は違うと言えるか？ 危険率 0.05 で検定する．

例 2.1.3 の表より $\rho(0) + \cdots + \rho(7) \overset{\text{ほぼ}}{=} 1$. したがって，$d = 8$, $n = 96$, $S_{n,j} = T_j$, $q_j = \rho(j)$ と対応づけて，定理 7.2.2 の状況にあるとしてよい．例 2.1.3 では $j \geq 4$ に対し $T_j \leq 2$. 一般に定理 7.2.2 の $S_{n,j}$ が極端に小さい数（目安は $S_{n,j} < 5$）を含むと，(7.17) の近似が悪く，正しく検定できないことが知られている．そこで，「近隣区画の合併」という方法を用いる．いまの場合 $3 \leq j \leq 7$ の 5 区画を合併し次の表を得る．

得点 j	0	1	2	3 以上	計
T_j	35	35	18	8	96
$96\rho(j)$	33.52	35.27	18.55	8.65	95.99

結局 $d = 4$ になったので，p.120, 表 9 $(k = 3, \alpha = 0.05)$ から $x(0.05) = 7.8$.

---

[56] K. ピアソンによる (1900).

よって

$$Z_n = \frac{(35-33.52)^2}{33.52} + \frac{(35-35.27)^2}{35.27} + \frac{(18-18.55)^2}{18.55} + \frac{(8-8.65)^2}{8.65}$$

$$= 0.133 < 7.8 = x(0.05).$$

ゆえに (7.18) より，H_0 は棄却されない(ポアソン分布と有意差はない).

補足 (⋆)：**定理 7.2.2 の証明**   多次元の中心極限定理（定理 5.3.4）を応用する．(7.13) から，$\mathbb{R}^d$-値の確率変数を次のように定める：

$$X_k \overset{\text{def}}{=} (\mathbf{1}_{\{Y_k \in A_j\}})_{j=1}^d, \quad S_n \overset{\text{def}}{=} (S_{n,j})_{j=1}^d = X_1 + \cdots + X_n.$$

このとき，$X_1, X_2, \ldots$ は有界な iid,

$$E\mathbf{1}_{\{Y_k \in A_j\}} = p_j, \quad \mathrm{cov}(\mathbf{1}_{\{Y_k \in A_i\}}, \mathbf{1}_{\{Y_k \in A_j\}}) = \delta_{ij} p_i - p_i p_j,$$

$$i, j = 1, \ldots, d.$$

一方，$P \overset{\text{def}}{=} (\delta_{ij} - \sqrt{p_i p_j})_{i,j=1}^d$ は ${}^t(\sqrt{p_1}, \ldots, \sqrt{p_d})$ ((0.14) 参照) の直交補空間への直交射影なので，${}^tP = P = P^2$. これを用いると $V = (\delta_{ij}p_i - p_i p_j)_{i,j=1}^d$ および $D = (\delta_{ij}\sqrt{p_i})_{i,j=1}^d$ に対し

$$DP\,{}^t(DP) = DPD = \left(\sqrt{p_i}(\delta_{ij} - \sqrt{p_i p_j})\sqrt{p_j}\right)_{i,j=1}^d = V.$$

したがって，$m = (p_j)_{j=1}^d$, $A = DP$ とおくことで (5.25) が成立する．そこで X を (5.25) の確率変数とすると，X は d 標準正規分布するので，

1) $|PX|^2 \overset{(7.10)}{\approx} \chi^2_{d-1}.$

(7.15) の H_0 が成立するとき：

$$D^{-1} = (\delta_{ij} q_i^{-1/2})_{i,j=1}^d, \quad Z_n = \left| D^{-1}\left(\frac{S_n - mn}{\sqrt{n}}\right) \right|^2.$$

ゆえに

$$\lim_{n \to \infty} P(Z_n \leq x) \overset{(5.25)}{=} P(|D^{-1}DPX|^2 \leq x)$$

$$= P(|PX|^2 \leq x) \overset{1)}{=} \mu([0, x]).$$

<u>(7.15) の H_1 が成立するとき</u>：$p_j \neq q_j$ なる j に対し，大数の法則より $(S_{n,j} - q_j n)^2$ は n について 2 次のオーダーで発散するから Z_n も発散し，(7.17) が成立する.   \(^□^)/

▐問 **7.2.1** ネパールでの O, A, B, AB 型の比率は 30 : 37 : 24 : 9 であり，日本の比率に近い[57]. では，例 7.2.1 で述べた X 県の血液型比率はネパールでの血液型比率と違うと言えるか？ 危険率 0.05 で検定せよ.

---

[57] ちなみに，地理的，歴史的にも日本と関わりが深い韓国での比率は 27 : 32 : 30 : 11 であり，血液型比率の点では，なぜか韓国よりネパールの方が日本に近い.

8

F-分布・t-分布による推定と検定

8.1　正規母集団の分散比を推定——F-分布

例 8.1.1（東京の夏は暑くなった？　その2）東京での8月の平均気温（例
6.1.5 の表：p.107）で 1990 年以後のデータに着目する．1990 年代は，'93 年の
冷夏，'95 年の猛暑など夏の気温の年による変動が大きかったが，変動が小さ
い 2000 年以降と比べて年による気温変動の大きさに差があると言えるか？

　この問いに答えるため，以下の一般論を用いる．

定義 8.1.2　独立確率変数 $X \approx \chi_k^2$, $Y \approx \chi_\ell^2$（定義 7.1.2 参照）に対し $\frac{X/k}{Y/\ell}$ の
分布を自由度 (k, ℓ) の F-**分布** と呼び，F_ℓ^k と記す[58]．標語的には：

$$F_\ell^k \approx \frac{\chi_k^2/k}{\chi_\ell^2/\ell}\text{独立}. \tag{8.1}$$

次の定理により，F-分布の密度が具体的にわかる．

定理 8.1.3　F_ℓ^k は $(0, \infty)$ 上の連続分布であり，次の密度をもつ：

$$\rho(x) = \frac{(k/\ell)^{k/2}}{B\left(\frac{k}{2}, \frac{\ell}{2}\right)} \frac{x^{\frac{k}{2}-1}}{\left(1 + \frac{kx}{\ell}\right)^{\frac{k+\ell}{2}}},$$

$$\text{ただし } B\left(\tfrac{k}{2}, \tfrac{\ell}{2}\right) = \int_0^1 x^{\frac{k}{2}-1}(1-x)^{\frac{\ell}{2}-1}dx.$$

---

[58] 米国の統計学者スネデカーがフィッシャーのイニシャル F をとって命名した．フィッシャー
自身が導入したのは $\frac{1}{2}\log\frac{X/k}{Y/\ell}$ の分布だった．

証明は本節末尾に述べる.

簡易 F-分布表： $\alpha \in (0,1)$, $\mu = F_\ell^k$ とする.

$$\mu([x_\ell^k(\alpha), \infty)) = \alpha,$$

$$(\text{したがって } \alpha < 1/2 \text{ なら } \mu([x_\ell^k(1-\alpha), x_\ell^k(\alpha)]) = 1 - 2\alpha) \tag{8.2}$$

を満たす $x_\ell^k(\alpha)$ の近似値を，本書に十分な範囲で挙げる．より詳しい表は，統計学の教科書巻末等に載っているし，インターネットからも容易に入手できる．

表 10: 簡易 F-分布表

$\ell \setminus k$		2	3	4	5	6	7	8	9
4	$\alpha = .05$	6.94	6.59	6.39	6.26	6.16	6.09	6.04	6.00
	$\alpha = .025$	10.65	9.98	9.60	9.36	9.20	9.07	8.98	8.90
5	$\alpha = .05$	5.79	5.41	5.19	5.05	4.95	4.88	4.82	4.77
	$\alpha = .025$	8.43	7.76	7.39	7.15	6.98	6.85	6.76	6.68
6	$\alpha = .05$	5.14	4.76	4.53	4.39	4.28	4.21	4.15	4.10
	$\alpha = .025$	7.26	6.60	6.23	5.99	5.82	5.70	5.60	5.52
7	$\alpha = .05$	4.74	4.35	4.12	3.97	3.87	3.79	3.73	3.68
	$\alpha = .025$	6.54	5.89	5.52	5.29	5.12	4.99	4.90	4.82
8	$\alpha = .05$	4.46	4.07	3.84	3.69	3.58	3.50	3.44	3.39
	$\alpha = .025$	6.06	5.42	5.05	4.82	4.65	4.53	4.43	4.36
9	$\alpha = .05$	4.26	3.86	3.63	3.48	3.37	3.29	3.23	3.18
	$\alpha = .025$	5.71	5.08	4.72	4.48	4.32	4.20	4.10	4.03
20	$\alpha = .05$	3.49	3.10	2.87	2.71	2.60	2.51	2.45	2.39
24	$\alpha = .05$	3.40	3.01	2.78	2.62	2.51	2.42	2.36	2.30

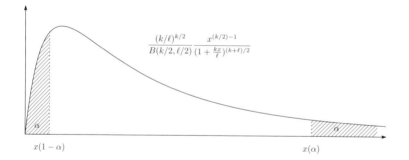

$$\frac{(k/\ell)^{k/2}}{B(k/2, \ell/2)} \frac{x^{(k/2)-1}}{(1 + \frac{kx}{\ell})^{(k+\ell)/2}}$$

$x(1-\alpha)$　　　　　　　　　　　　　　　　　　$x(\alpha)$

命題 8.1.4 a) 確率変数 $Z \approx F_\ell^k$ に対し $1/Z \approx F_k^\ell$.

b) (8.2) の $x_\ell^k(\alpha)$ に対し $x_\ell^k(1-\alpha) = 1/x_k^\ell(\alpha)$.

証明 a) 定義 8.1.2 から明らか.

b) 記号は (8.2) のとおりとすると,

$$1 - \alpha \overset{\text{a)}}{=} P(1/Z \leq x_\ell^\ell(\alpha)) = P(1/x_k^\ell(\alpha) \leq Z) = \mu([1/x_k^\ell(\alpha), \infty)).$$

よって $x_\ell^k(1-\alpha) = 1/x_k^\ell(\alpha)$.   \\(^□^)/

注 通常の F-分布表には, $\alpha \in (0, 1/2)$ に対してのみ $x_\ell^k(\alpha)$ が書いてある(命題 8.1.4 により, $\alpha \in (0, 1/2)$ に対して値がわかれば十分).

次の定理は, 正規母集団の分散比の推定や検定に対する数学的基礎となる. $n = n_1 + n_2$ 個の独立確率変数:

$$\begin{aligned}
X_{1j} &\approx N(m_1, v_1), \quad j = 1, \dots, n_1, \\
X_{2j} &\approx N(m_2, v_2), \quad j = 1, \dots, n_2
\end{aligned} \tag{8.3}$$

に対し, 次の記号を導入する:

$$\overline{X_i} \overset{\text{def}}{=} \frac{1}{n_i} \sum_{j=1}^{n_i} X_{ij}, \quad \langle X_i \rangle \overset{\text{def}}{=} \sum_{j=1}^{n_i} (X_{ij} - \overline{X_i})^2, \quad i = 1, 2. \tag{8.4}$$

定理 8.1.5 設定は上記のとおりとするとき,

$$\frac{v_1}{v_2} Z \approx F_{n_1-1}^{n_2-1}, \quad \text{ただし} \quad Z = \frac{\langle X_2 \rangle / (n_2 - 1)}{\langle X_1 \rangle / (n_1 - 1)}. \tag{8.5}$$

証明 仮定より $\langle X_1 \rangle, \langle X_2 \rangle$ は独立かつ $\langle X_i \rangle / v_i \overset{(7.5)}{\approx} \chi_{n_i-1}^2$ $(i = 1, 2)$. ゆえに

$$\frac{v_1}{v_2} Z = \frac{\frac{\langle X_2 \rangle}{v_2} / (n_2 - 1)}{\frac{\langle X_1 \rangle}{v_1} / (n_1 - 1)} \overset{(8.1)}{\approx} F_{n_1-1}^{n_2-1}.$$ \\(^□^)/

(8.5) による分散比の推定・検定：記号は定理 8.1.5 のとおりとし，X_{ij} の値から分散比 v_2/v_1 を推定する．$\alpha \in (0, 1/2)$ に対し (8.2) の $x_\ell^k(\alpha)$ $(k = n_1-1,$ $\ell = n_2-1)$ をとり，

$$I = [x_\ell^k(1-\alpha), x_\ell^k(\alpha)] \overset{\text{命題 8.1.4 b)}}{=} [1/x_k^\ell(\alpha), x_\ell^k(\alpha)]$$

とする．$\frac{v_1}{v_2}Z \overset{(8.5)}{\approx} F_k^\ell$. よって $\frac{v_2}{v_1}\frac{1}{Z} \overset{\text{命題 8.1.4 a)}}{\approx} F_\ell^k$. ゆえに

$$P\left(\frac{v_2}{v_1}\frac{1}{Z} \in I\right) = \mu(I) \overset{(8.2)}{=} 1 - 2\alpha.$$

上式 $P(\cdot)$ の中身を $\frac{v_2}{v_1}$ について解いた形に書き直し，

$$P\left(\frac{v_2}{v_1} \in J\right) = 1 - 2\alpha, \quad \text{ただし} \quad J = \left[\frac{Z}{x_k^\ell(\alpha)}, \; x_\ell^k(\alpha)Z\right]. \tag{8.6}$$

したがって，(8.6) の J が $\frac{v_2}{v_1}$ の推定に関する $100 \times (1-2\alpha)$ ％信頼区間である．仮説：

$$H_0 : v_1 = v_2, \quad H_1 : v_1 \neq v_2 \tag{8.7}$$

を検定する場合(6.3 節参照)，H_0 の下で $\frac{v_2}{v_1} = 1$. そこで，

$$H_0 \text{ は，} \quad \frac{v_2}{v_1} = 1 \begin{cases} \notin J \text{ なら棄却される (危険率 } 2\alpha), \\ \in J \text{ なら棄却されない}. \end{cases} \tag{8.8}$$

この検定を **F-検定**，あるいは **等分散の検定** と言う[59]．

例 8.1.1 の続き：2000 年代のデータ X_{1j} $(1 \leq j \leq n_1 = 10)$，1990 年代のデータ X_{2j} $(1 \leq j \leq n_2 = 10)$ に (8.3) を仮定し，仮説 (8.7) を危険率 0.05 で検定する．$\langle X_1 \rangle/9 = 0.9143$, $\langle X_2 \rangle/9 = 2.385$（例 6.1.5）より

$$Z = \frac{\langle X_2 \rangle/(n_2-1)}{\langle X_1 \rangle/(n_1-1)} = \frac{2.385}{0.9143} = 2.609.$$

---

[59] フィッシャーによる．

これと，$x_9^9(0.025) = 4.03$（p.132，表 10，$(k = l = 9, \alpha = 0.025)$））を (8.6) に代入し，$J = \left[\frac{2.609}{4.03},\ 2.609 \times 4.03\right] \ni 1$．(8.8) より H_0 は棄却されない（気温変動の大きさに有意差はない）．

以下で定理 8.1.3 を示す．

補題 8.1.6 連続確率変数 $X_j : \Omega \to \mathbb{R}$ $(j = 1, 2)$ が独立，それぞれの密度は ρ_j とする．さらに X_2 は正値とするとき，$X = X_1/X_2$ は $\mathbb{R}$ 上に連続分布し，次の密度をもつ：

$$\rho(x) = \int_0^\infty \rho_1(xy)\rho_2(y)y\,dy.$$

証明 任意の区間 $I \subset \mathbb{R}$ に対し

1)
$$P(X \in I) \overset{(3.6)}{=} \int_{\substack{z \in \mathbb{R},\, y > 0 \\ z/y \,\in I}} \rho_1(z)\rho_2(y)\,dz\,dy$$
$$= \int_0^\infty \left(\int_{z/y \in I} \rho_1(z)\,dz\right)\rho_2(y)\,dy.$$

上の積分の $(\cdots)$ で，$y > 0$ を固定すると，

$$\int_{z/y \in I} \rho_1(z)\,dz \overset{z=xy}{=} y\int_I \rho_1(xy)\,dx.$$

これを再び 1) に代入し，積分順序を交換すると，

$$P(X \in I) = \int_0^\infty \left(y\int_I \rho_1(xy)\,dx\right)\rho_2(y)\,dy$$
$$= \int_I \underbrace{\left(\int_0^\infty \rho_1(xy)\rho_2(y)y\,dy\right)}_{=\rho(x)}dx. \qquad \backslash(\verb|^|\square\verb|^|)/$$

命題 8.1.7 独立確率変数 $X \approx \gamma(r, a)$, $Y \approx \gamma(s, b)$（定義 4.3.1 参照）に対し，X/Y は $(0, \infty)$ 上に連続分布し，次の密度をもつ：

$$\rho(x) = \frac{(r/s)^a}{B(a,b)} \frac{x^{a-1}}{\left(1 + \frac{rx}{s}\right)^{a+b}},$$

$$\text{ただし} \quad B(a,b) = \int_0^1 x^{a-1}(1-x)^{b-1}dx. \tag{8.9}$$

証明 $\widetilde{X} = rX, \widetilde{Y} = sY, t = r/s$ とおくと, $X/Y = (1/t)\widetilde{X}/\widetilde{Y}$, また $\widetilde{X}, \widetilde{Y}$ は独立かつ $\widetilde{X} \approx \gamma(1,a), \widetilde{Y} \approx \gamma(1,b)$ (問 4.3.1). よって $\widetilde{X}/\widetilde{Y}$ の密度 $\widetilde{\rho}$ は

$$\widetilde{\rho}(x) \overset{\text{補題 8.1.6}}{=} \frac{1}{\Gamma(a)\Gamma(b)} \int_0^\infty (xy)^{a-1}y^b e^{-(1+x)y}dy$$

$$= \frac{x^{a-1}}{\Gamma(a)\Gamma(b)} \int_0^\infty y^{a+b-1} e^{-(1+x)y}dy$$

$$\overset{z=(1+x)y}{=} \frac{x^{a-1}}{\Gamma(a)\Gamma(b)} \frac{1}{(1+x)^{a+b}} \underbrace{\int_0^\infty z^{a+b-1}e^{-z}dz}_{=\Gamma(a+b)}$$

$$\overset{(4.21)}{=} \frac{1}{B(a,b)} \frac{x^{a-1}}{(1+x)^{a+b}}.$$

さらに $X/Y = (1/t)\widetilde{X}/\widetilde{Y}$ の密度は $t\widetilde{\rho}(tx)$ (問 1.5.1) であり, (8.9) の ρ に等しい. \\(^□^)/

定理 8.1.3 の証明 $\chi_k^2 = \gamma(\frac{1}{2}, \frac{k}{2})$ (定理 7.1.3) だから, $\chi_k^2/k = \gamma(\frac{k}{2}, \frac{k}{2})$ (問 4.3.1). したがって, 命題 8.1.7 で $r = a = k/2, s = b = \ell/2$ とすれば, 定理 8.1.3 を得る. v(^ε^)v

▶**問 8.1.1** 例 8.1.1 を参考に, 1950 年代と 1980 年代で等分散の検定をおこなえ(危険率 0.05).

▶**問 8.1.2** 問 6.1.3 の表によると, 長嶋・原両監督の年度による勝率のばらつきに有意差はあるか? 危険率 0.05 で検定せよ.

8.2　正規母集団の平均を推定 ―― t-分布

例 8.2.1（出生率の男女差：その2）　男子出生率が $50+X$ %のとき，出生率男女差 X %と言うことにする．日本で1995年度から2004年度までの X の値は例 6.1.1 の表 (p.104) のとおりだった．表の出生率男女差を iid $X_1,\dots,X_n \approx N(m,v)$（$n=10$, m, v は共に未知）とみて，m の95%信頼区間を求めたい[60]．そのため，以下の一般論を用いる．

定義 8.2.2　独立確率変数 $Y \approx N(0,1)$, $Z \approx \chi^2_k$ に対し $\dfrac{Y}{\sqrt{Z/k}}$ の分布を自由度 k の t-**分布** と呼び，T_k と記す[61]．標語的には：

$$T_k \approx \frac{N(0,1)}{\sqrt{\chi^2_k/k}} \quad \text{独立}.\tag{8.10}$$

注　T_1 を**コーシー分布**と呼ぶこともある．

定理 8.2.3　T_k は $\mathbb{R}$ 上の連続分布で，次の密度をもつ：

$$\rho(x) = \frac{1}{\sqrt{k}\, B\!\left(\frac{k}{2},\frac{1}{2}\right)\left(1+\frac{x^2}{k}\right)^{\frac{k+1}{2}}},$$

$$\text{ただし}\quad B\!\left(\frac{k}{2},\frac{1}{2}\right) = \int_0^1 x^{\frac{k}{2}-1}(1-x)^{-\frac{1}{2}}\,dx.\tag{8.11}$$

証明は後回しにする．

簡易 t-分布表：　$\mu = T_k$, $\alpha \in (0,1)$ とするとき，

$$\mu([x(\alpha),\infty)) = \alpha$$
$$(\text{したがって } \alpha < 1/2 \text{ なら } \mu([-x(\alpha),x(\alpha)]) = 1-2\alpha)\tag{8.12}$$

---

[60] 6.2 節では v を既知として m の信頼区間を求めた．

[61] ギネスビール（アイルランド）の技術者ゴセットはビールの品質管理に関する実験データを通じ，この分布を発見した．また，彼は（証明は不完全ながらも）密度 (8.11) も求め，これらの結果はスチューデントというペンネームで発表された (1908)．当時，まだ学生だったフィッシャーはこの仕事の重要性にいち早く着目し，密度 (8.11) を厳密に導出した (1912)．後年，フィッシャーはこの分布を「スチューデントの t-分布」と名付けた．

を満たす $x(\alpha)$ の近似値を，本書に十分な範囲で挙げる（表 11 参照）．より詳しい表は，統計学の教科書巻末等に載っているし，インターネットからも容易に入手できる．

表 11: 簡易 *t*-分布表

$\alpha \setminus k$	8	9	10	11	12	13	14	15	16	17	18	19
.05	1.860	1.833	1.812	1.796	1.782	1.771	1.761	1.753	1.746	1.740	1.734	1.729
.025	2.306	2.262	2.228	2.201	2.179	2.160	2.145	2.131	2.120	2.110	2.101	2.093

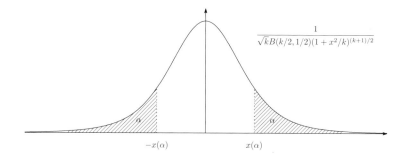

次の定理は，正規母集団の平均を推定するための数学的基礎となる．

定理 8.2.4　iid $X_1, \ldots, X_n \approx N(m, v)$ に対し $\overline{X} = \frac{1}{n} \sum_{j=1}^{n} X_j$, $\langle\, X \,\rangle = \sum_{j=1}^{n} (X_j - \overline{X})^2$ とおくと，

$$\frac{\overline{X} - m}{R} \approx T_{n-1}, \quad \text{ただし } R = \sqrt{\frac{\langle\, X \,\rangle}{n(n-1)}}. \tag{8.13}$$

証明　$Y \overset{\text{def}}{=} \sqrt{\frac{n}{v}}(\overline{X} - m) \overset{(6.12)}{\approx} N(0, 1)$. また，定理 7.1.4 より $Z \overset{\text{def}}{=} \langle X \rangle / v \approx \chi^2_{n-1}$ かつ Y, Z は独立．ゆえに

$$\frac{\overline{X} - m}{R} = \frac{1}{\sqrt{\frac{\langle\, X \,\rangle}{v} \frac{1}{n-1}}} \sqrt{\frac{n}{v}}(\overline{X} - m) = \frac{Y}{\sqrt{Z/(n-1)}} \overset{(8.10)}{\approx} T_{n-1}.$$

\\(^□^)/

(8.13) による平均の推定法： 記号は定理 8.2.4 のとおりとし，$X_1, \ldots, X_n$ の値から m の値を推定する方法を述べる．(8.12) で $k = n-1$, $\alpha < 1/2$, $I = [-x(\alpha), x(\alpha)]$ とすると

$$P\big((\overline{X} - m)/R \in I\big) \overset{(8.13)}{=} \mu(I) \overset{(8.12)}{=} 1 - 2\alpha.$$

さらに上式 $P(\cdot)$ の中身を m について解いた形に書き直し，

$$P(m \in J) = 1 - 2\alpha, \quad \text{ただし} \quad J = \big[\,\overline{X} - x(\alpha)R, \ \overline{X} + x(\alpha)R\,\big]. \tag{8.14}$$

つまり，(8.14) の区間 J が m の推定に関する $100 \times (1 - 2\alpha)$ ％信頼区間である．

正規分布による推定（6.2 節）との比較： 正規母集団の平均の推定には，上記の t-分布による方法のほか，6.2 節で述べた正規分布による方法がある．両者の使い分けは大体次のとおり．

● 正規分布による方法：この方法の守備範囲は大標本の場合に限る（経験則によると $n \geq 30$ で「大標本」．n が大きいと (6.9) により $\frac{1}{n-1}\langle X \rangle$ の v による置き換えが正当化される）．一方，6.2 節で述べたように，n が大きいとき，正規分布による方法は，母集団にあらかじめ正規性を仮定しなくても適用できる利点がある．

● t-分布による方法：この方法は小標本（$n < 30$）で真価を発揮するが，その場合は母集団の正規性に強く依存する．n が大きくなるにつれて，正規分布による方法 (6.2 節) との差はあまりなくなる．

例 8.2.1 の続き： $\overline{X} = 1.332$, $\langle X \rangle = 0.02236$（例 6.1.1）．また，$x(0.025) = 2.262$（p.138, 表 11 ($k = 9, \alpha = 0.025$)）．よって $x(\alpha)R = 2.262 \times \sqrt{0.02236/90} = 0.0357$．これらを (8.14) に代入し，95 ％信頼区間 $= [1.296, \ 1.368]$．

　最後に，定理 8.2.3 を示す．実は次の命題を示せば十分である．

命題 8.2.5 独立確率変数 $Y \approx N(0,1)$, $Z \approx \gamma(s,b)$（定義 4.3.1 参照）に対し，$Y/\sqrt{Z}$ は $\mathbb{R}$ 上に連続分布し，次の密度をもつ：

$$\rho(x) = \frac{1}{\sqrt{2s}B(b,\frac{1}{2})\left(1+\frac{x^2}{2s}\right)^{b+\frac{1}{2}}},$$

$$\text{ただし}\quad B(b,\tfrac{1}{2}) = \int_0^1 x^{b-1}(1-x)^{-\frac{1}{2}}dx.$$

証明　Y の密度は $\rho_1(x) \overset{\text{def}}{=} \frac{1}{\sqrt{2\pi}}e^{-x^2/2}$. また，$Z$ の密度 $\widetilde{\rho}_2(x) \overset{\text{def}}{=} \frac{s^b}{\Gamma(b)}x^{b-1}e^{-sx}$ ((4.17) 参照) に対し $\sqrt{Z}$ の密度 ρ_2 は

$$\rho_2(x) \overset{\text{補題 4.3.2 a)}}{=} 2\,\widetilde{\rho}_2(x^2)x = \frac{2s^b}{\Gamma(b)}x^{2b-1}e^{-sx^2}.$$

したがって，$Y/\sqrt{Z}$ の密度 $\rho(x)$ は

$$\rho(x) \overset{\text{補題 8.1.6}}{=} \int_0^\infty \rho_1(xy)\rho_2(y)y\,dy$$

$$= \frac{2s^b}{\sqrt{2\pi}\Gamma(b)}\int_0^\infty y^{2b}\exp\left(-\left(\frac{x^2}{2}+s\right)y^2\right)dy$$

$$\overset{y=z^{1/2}}{=} \frac{s^b}{\sqrt{2\pi}\Gamma(b)}\int_0^\infty z^{b-\frac{1}{2}}\exp\left(-\left(\frac{x^2}{2}+s\right)z\right)dz$$

$$\overset{w=\left(\frac{x^2}{2}+s\right)z}{=} \frac{s^b}{\sqrt{2\pi}\Gamma(b)}\frac{1}{\left(\frac{x^2}{2}+s\right)^{b+\frac{1}{2}}}\underbrace{\int_0^\infty w^{b-\frac{1}{2}}e^{-w}dw}_{=\Gamma(b+\frac{1}{2})}.$$

さらに，$\Gamma(b+\frac{1}{2}) \overset{(4.21)}{=} \frac{\Gamma(b)\Gamma(\frac{1}{2})}{B(b,\frac{1}{2})} \overset{(4.19)}{=} \frac{\Gamma(b)\sqrt{\pi}}{B(b,\frac{1}{2})}$ を代入して整理すると，所期の形を得る． \(^□^)/

定理 8.2.3 の証明　$\chi_k^2 = \gamma(\frac{1}{2},\frac{k}{2})$（定理 7.1.3）だから，$\chi_k^2/k = \gamma(\frac{k}{2},\frac{k}{2})$（問 4.3.1）．したがって，命題 8.2.5 で $s=b=k/2$ として定理 8.2.3 を得る． v(^_ε^)v

▶**問 8.2.1**　例 8.2.1 を参考にし，問 6.1.1 のデータから，平均合格者数に対する 95% 信頼区間を求めよ．

8.3 2個の正規母集団の平均差を推定

例 8.3.1（東京の夏は暑くなった？ その3） 東京での 8 月の平均気温（例 6.1.5 の表）で 1950 年代，1980 年代，2000 年代に着目する．平均温度は変化したと言えるだろうか？

この問いに答えるため，以下の一般論を用いる．次の定理は，正規母集団の平均差を推定するための数学的基礎となる.

定理 8.3.2 設定は (8.3)–(8.4) のとおりとし，さらに

$$D = \overline{X_1} - \overline{X_2}, \quad \delta = m_1 - m_2, \quad S = \sqrt{\frac{\frac{v_1}{n_1} + \frac{v_2}{n_2}}{n-2}\left(\frac{\langle\, X_1\,\rangle}{v_1} + \frac{\langle\, X_2\,\rangle}{v_2}\right)} \quad (8.15)$$

と書く．このとき

$$\frac{D - \delta}{S} \approx T_{n-2}. \quad (8.16)$$

定理 8.3.2 の証明は後回しにし，先に応用を述べよう.

(8.16) を用いた平均差の推定：記号は定理 8.3.2 のとおりとし，仮定 $v_1 = v_2$ の下で X_{ij} の値から平均差 δ を推定する方法を述べる．$v_1 = v_2$ なら (8.15) より

$$S = \sqrt{\frac{n}{n_1 n_2 (n-2)}(\langle\, X_1\,\rangle + \langle\, X_2\,\rangle)}. \quad (8.17)$$

上式は v_1, v_2 を含まず，与えられたデータ X_{ij} だけから値を求めることができる．$x(\alpha)$ は (8.12) $(k = n-2)$ で定め，$I = [-x(\alpha), x(\alpha)]$ とすると

$$P((D-\delta)/S \in I) \overset{(8.16)}{=} \mu(I) \overset{(8.12)}{=} 1 - 2\alpha.$$

さらに，上式 $P(\cdot)$ の中身を δ について解いた形に書き直し，

$$P(\delta \in J) = 1 - 2\alpha, \quad \text{ただし} \quad J = [D - x(\alpha)S, \ D + x(\alpha)S]. \quad (8.18)$$

つまり，(8.18) の区間 J が δ の推定に関する $100 \times (1-2\alpha)$ ％信頼区間である．仮説：

$$H_0 : m_1 = m_2, \quad H_1 : m_1 \neq m_2 \tag{8.19}$$

を検定する場合(6.3 節参照)，

$$H_0 \text{ は } |D| \begin{cases} > x(\alpha)S, \text{ すなわち } 0 \notin J \text{ なら棄却される (危険率 } 2\alpha), \\ \leq x(\alpha)S, \text{ すなわち } 0 \in J \text{ なら棄却されない.} \end{cases} \tag{8.20}$$

この検定を**等平均の検定**と言う.

注 1　(8.17) は $v_1 = v_2$ を前提とする．応用では，等分散の検定 (8.1 節) で帰無仮説 $v_1 = v_2$ が棄却されなければ $v_1 = v_2$ と見なし (8.17) を使う，という作業手順を用いることがある.

注 2　$n_1 = n_2$ なら $\frac{n_1 n_2 (n-2)}{n} = n_1(n_1 - 1)$．よって，(8.17) の $\sqrt{\ }$ 内にある定数は次のように簡略化できる：

$$\frac{n}{n_1 n_2 (n-2)} \longrightarrow \frac{1}{n_1(n_1 - 1)}. \tag{8.21}$$

例 8.3.1 の続き：まず，1980 年代と 2000 年代を比べる．2000 年代のデータ X_{1j} $(1 \leq j \leq n_1 = 10)$，1980 年代のデータ X_{2j} $(1 \leq j \leq n_2 = 10)$ に (8.3) を仮定する．例 8.1.1 と同様に等分散の検定をおこなえば，2000 年代と 1980 年代の分散に有意差がないことがわかる [62]．よって $v_1 = v_2$ としてよい．仮説 (8.19) を危険率 0.05 $(\alpha = 0.025)$ で検定する.

$$D \overset{(8.15)}{=} \overline{X_1} - \overline{X_2} \overset{\text{例 6.1.5}}{=} 27.39 - 26.89 = 0.50,$$

$$S \overset{(8.17),(8.21)}{=} \sqrt{\frac{\langle X_1 \rangle + \langle X_2 \rangle}{n_1(n_1 - 1)}} \overset{\text{例 6.1.5}}{=} \sqrt{\frac{8.23 + 17.25}{90}} = 0.53.$$

---

[62] 2000 年代は気温の変動が比較的少ない．例 8.1.1 で，気温の変動がより大きい 1990 年代と比べても分散の有意差なしだったから，1980 年代と比べても分散の有意差がないことは想像がつく.

また，p.138，表 11 $(k = 18, \alpha = 0.025)$ より $x(0.025) = 2.101$. よって

$$x(0.025)S = 2.101 \times 0.53 > 0.50 = D = |D|.$$

以上と (8.20) より $\mathrm{H}_0 : m_1 = m_2$ は棄却されない．仮説検定の立場からは，過去 30 年程度で東京の夏の気温が変化したとは言えないようだ．

次に，1950 年代と 2000 年代を比べる．2000 年代のデータ $X_{1\,j}$ $(1 \leq j \leq n_1 = 10)$，1950 年代のデータ $X_{2\,j}$ $(1 \leq j \leq n_2 = 10)$ に (8.3) を仮定する．例 8.1.1 と同様に等分散の検定をおこなえば，2000 年代と 1950 年代の分散に有意差がないことがわかる．よって $v_1 = v_2$ と仮定してよい．仮説 (8.19) を危険率 0.05 $(\alpha = 0.025)$ で検定する．

$$D \overset{(8.15)}{=} \overline{X_1} - \overline{X_2} \overset{\text{例 6.1.5, 問 6.1.2}}{=} 27.39 - 26.32 = 1.07,$$

$$S \overset{(8.17),(8.21)}{=} \sqrt{\frac{\langle\, X_1\,\rangle + \langle\, X_2\,\rangle}{n_1(n_1 - 1)}} \overset{\text{例 6.1.5, 問 6.1.2}}{=} \sqrt{\frac{8.23 + 4.82}{90}} = 0.381.$$

よって

$$x(0.025)S = 2.101 \times 0.381 = 0.800 < 1.07 = D = |D|.$$

以上と (8.20) より $\mathrm{H}_0 : m_1 = m_2$ は棄却される．つまり，仮説検定の立場からも過去半世紀で東京の夏の気温は変化した（実際には暑くなった）と言える．

定理 8.3.2 の証明   まず次を示す．

1) $\overline{X_1}, \overline{X_2}, \langle\, X_1\,\rangle, \langle\, X_2\,\rangle$ は独立．

2) $i = 1, 2$ に対し $\overline{X_i} \approx N(m_i, v_i/n_i)$, $\langle\, X_i\,\rangle / v_i \approx \chi^2_{n_i - 1}$.

$(X_{1\,1}, \ldots, X_{1\,n_1})$ と $(X_{2\,1}, \ldots, X_{2\,n_2})$ が独立なので $(\overline{X_1}, \langle\, X_1\,\rangle)$ と $(\overline{X_2}, \langle\, X_2\,\rangle)$ は独立．さらに定理 7.1.4 より $\overline{X_i}$ と $\langle\, X_i\,\rangle$ は独立 $(i = 1, 2)$. 以上から 1) を

得る. 2) も定理 7.1.4 で既知.

以下, 1)–2) を用い (8.16) を示す. 1)–2) と命題 4.1.4 より $D \approx N\big(\delta, \frac{v_1}{n_1} + \frac{v_2}{n_2}\big)$. ゆえに

3) $\quad Y \overset{\text{def}}{=} (D - \delta)\Big/ \sqrt{\dfrac{v_1}{n_1} + \dfrac{v_2}{n_2}} \overset{\text{例 1.5.5}}{\approx} N(0, 1).$

また,

4) $\quad Z \overset{\text{def}}{=} \langle X_1 \rangle / v_1 + \langle X_2 \rangle / v_2 \overset{\substack{\text{1)–2)} \\ \text{定義 7.1.2}}}{\approx} \chi^2_{n-2}.$

また, 1) より $(\overline{X_1}, \overline{X_2})$ と $(\langle X_1 \rangle, \langle X_2 \rangle)$ は独立. したがって

5) $\quad Y, Z$ は独立.

以上から, $\quad \dfrac{D - \delta}{S} = \dfrac{Y}{\sqrt{Z/(n-2)}} \overset{\substack{\text{3)–5)} \\ \text{(8.10)}}}{\approx} T_{n-2}.$　　　　　\\(^□^)/

▶問 **8.3.1**　1980 年代における東京の 8 月の平均気温は, 1950 年代に比べて変化したと言えるか？　例 8.3.1 を参考に危険率 0.05 で検定せよ.

▶問 **8.3.2**　問 6.1.3 の表によると, 長嶋・原両監督の, 平均勝率に有意差はあるか？　危険率 0.05 で検定せよ.

8.4　r 個の正規母集団の平均差を検定 —— 分散分析

例 8.4.1（イチロー選手の打撃力：年度差はあるか？）　イチロー選手[63] は, 2001 年以来, 年間 200 安打以上を 10 年間続けてきた. 2011 年 9 月 28 日, レギュラーシーズン最終戦（マリナーズ 0–2 アスレチックス）を, それまで 184 安打で迎えたイチロー選手は, その試合も無安打に終わり, 記録

---

[63]　本名：鈴木一朗 (1973–). 元プロ野球選手(外野手, 右投左打). 1992 年プロ一軍戦初出場, 2001 年米メジャーリーグに移籍. 日米で数々のタイトルに輝いた後, 2019 年現役を引退した.

は途絶えた. 試合後, 彼が柔和な笑顔で語ったコメントが印象的だった.
「なぜか晴れやかですね. 続けることに追われなくなったのでホッとしています.」

さて, イチロー選手の月間打率を表にしてみた(2006 年から 4 年分).

表 12: イチロー選手の打率

	4 月	5 月	6 月	7 月	8 月	9 月	和	平方和
2006 年	.287	.371	.386	.317	.233	.333	1.927	.634673
2007 年	.305	.357	.427	.289	.369	.347	2.094	.742894
2008 年	.252	.319	.312	.333	.350	.298	1.864	.584802
2009 年	.306	.377	.407	.336	.340	.325	2.091	.735535
計							7.976	2.697904

この間のイチロー選手の打撃力に年度による有意差があるか？ このデータから検定してみよう. 本人には「余計なお世話でしょ」と言われるかな？

例 8.4.1 の検定に次の一般論を用いる. $n = n_1 + \cdots + n_r$ 個の独立確率変数:

$$
\begin{aligned}
X_{1\,j} &\approx N(m_1, v), \quad j = 1, \ldots, n_1, \\
\vdots \quad & \qquad \vdots \qquad\qquad \vdots \\
X_{r\,j} &\approx N(m_r, v), \quad j = 1, \ldots, n_r
\end{aligned}
\tag{8.22}
$$

を考える. 全体をまとめて $X = (X_{i\,j})_{i,j}$ と書く. また, 各 $1 \leq i \leq r$ に対し $X_i = (X_{i\,j})_{j=1}^{n_i}$ を「第 i 行」と呼ぶ. (8.22) で $X_{i\,j}$ の平均 m_i は行ごとに異なってもよいが, 分散 v はすべての i, j に対し共通とする. 以下では (8.22) に対し仮説:

$$
\mathrm{H}_0 : m_1 = \cdots = m_r, \quad \mathrm{H}_1 : m_1 = \cdots = m_r \text{ でない}
\tag{8.23}
$$

の検定を目標とする(6.3 節参照). 例 8.4.1 の場合,

- $r = 4$ で $i = 1, \ldots, r$ はそれぞれ 2006 年度, $\ldots$, 2009 年度に対応.

- 各 $i = 1, \ldots, r$ に対し $n_i = 6$ で, $j = 1, \ldots, n_i$ は 4 月, ..., 9 月に対応. したがって $n = \underbrace{6 + \cdots + 6}_{4} = 24$.

- (8.22) は i 年度におけるイチロー選手の打率が $N(m_i, v)$ に従うことを意味し, m_i は i 年度の打撃力と考えられる. したがって (8.23) の H_0 は「イチロー選手の打撃力に年度差なし」を意味する.

帰無仮説 (8.23) を検定するため, 以下で統計量 Z ((8.29) 参照) を導入する. まずはその準備として, 以下の記号を定める:

$$\overline{X} = \frac{1}{n} \sum_{i=1}^{r} \sum_{j=1}^{n_i} X_{ij}, \quad |X|^2 = \sum_{i=1}^{r} \sum_{j=1}^{n_i} X_{ij}^2, \tag{8.24}$$

$$\overline{X_i} = \frac{1}{n_i} \sum_{j=1}^{n_i} X_{ij}, \quad i = 1, \ldots, r. \tag{8.25}$$

したがって特に,

$$n\overline{X} = \sum_{i=1}^{r} \sum_{j=1}^{n_i} X_{ij}, \quad n_i \overline{X_i} = \sum_{j=1}^{n_i} X_{ij}. \tag{8.26}$$

さらに (8.24)–(8.26) を用い, 以下の統計量を定める [64]:

$$V' = |X|^2 - \sum_{i=1}^{r} n_i \overline{X_i}^2 \quad \text{(級内変動)}, \tag{8.27}$$

$$V'' = \sum_{i=1}^{r} n_i \overline{X_i}^2 - n\overline{X}^2 \quad \text{(級間変動)}, \tag{8.28}$$

$$Z = \frac{(n-r)V''}{(r-1)V'}. \tag{8.29}$$

後で詳しく述べるように, 実は Z は次のような性質をもつ:

$$m_1, \ldots, m_r \text{ のばらつきが大きいとき,} $$
$$Z \text{ が大きな値をとる確率が大きい.} \tag{8.30}$$

---

[64] V', V'' は見かけ上異なる形 (8.32) で定義されることも多い. 例 8.4.1 のような, 電卓による手計算には (8.27)–(8.28) の形が便利. 一方, (8.32) からは, 本来の数学的意味が読み取りやすいことに加え, 大量のデータを計算機でプログラム処理する場合などにも適している.

また，次の補題も実際の計算に便利である（証明は後回しにする）．

補題 8.4.2 V', V'', Z を V'_X, V''_X, Z_X と記す（標本 X に関する統計量であることを明示するため）．また，X を線形変換した標本 Y を $Y_{ij} = a_i + bX_{ij}$ $(a_i, b \in \mathbb{R})$ と定める．このとき，

a) $V'_Y = b^2 V'_X$.

b) $a_i \equiv a \ (i = 1, \dots, r)$ なら $V''_Y = b^2 V''_X$.

c) $a_i \equiv a \ (i = 1, \dots, r)$ かつ $b \neq 0$ なら $Z_Y = Z_X$.

Z に注目する最大の理由は，$m_1 = \cdots = m_r = m$ という場合，Z が m にも v にも無関係な分布 $(F_{n-r}^{r-1}$ 分布$)$ をもつことによる．すなわち，

定理 8.4.3 $m_1 = \cdots = m_r$ なら $Z \approx F_{n-r}^{r-1}$（定義 8.1.2 参照）．

定理 8.4.3 の証明も後回しにし，応用を先に述べる．

定理 8.4.3 による平均差の検定： 記号は (8.22)–(8.29) のとおりとし，仮説 (8.23) を危険率 $\alpha < 1/2$（α は小）で検定する．性質 (8.30) より，「Z が大きい」という事象を棄却域としてとるのが自然である．正確には次のように定理 8.4.3 を応用する：$\mu = F_{n-r}^{r-1}$ とし，$x_{n-r}^{r-1}(\alpha)$ を (8.2) で定める（$k = r-1$, $\ell = n-r$）．(8.23) の H_0 の下で，

$$P(Z > x_{n-r}^{r-1}(\alpha)) \overset{\text{定理 8.4.3}}{=} \mu((x_{n-r}^{r-1}(\alpha), \infty)) \overset{(8.2)}{=} \alpha.$$

よって，事象 $Z > x_{n-r}^{r-1}(\alpha)$ の確率 α は小さい．したがって

$$(8.23) \text{ の } \mathrm{H}_0 \text{ は } Z \begin{cases} > x_{n-r}^{r-1}(\alpha) \text{ なら棄却される（危険率 } \alpha\text{），} \\ \leq x_{n-r}^{r-1}(\alpha) \text{ なら棄却されない．} \end{cases} \tag{8.31}$$

上記検定法を**分散分析**と言う[65].

---

[65] フィッシャーによる．分散分析を ANOVA と言うこともある（analysis of variance の略）．

例 8.4.1 の続き： 例 8.4.1 のデータに上述の検定手順を適用して仮説 (8.23) を危険率 $\alpha = 0.05$ で検定する．(8.22) の $X_{i,j}$ をすべて $a + bX_{i,j}$（a, b は定数, $b \neq 0$）に置き換えても Z は不変(補題 8.4.2)．そこで，小数点をなくすため

$$X = (X_{i,j}) = (1000 \times \text{打率表の数字})$$

とし，X について Z を計算する．表より

$$n\overline{X} = 7976, \quad |X|^2 = 2697904,$$

$$n\overline{X}^2 = \frac{(n\overline{X})^2}{n} = \frac{7976^2}{24} = 2650691,$$

$$\sum_{i=1}^{r} n_i \overline{X_i}^2 = \sum_{i=1}^{r} \frac{(n_i \overline{X_i})^2}{n_i}$$

$$= \frac{1927^2}{6} + \frac{2094^2}{6} + \frac{1864^2}{6} + \frac{2091^2}{6} = 2657490,$$

したがって

$$V' = |X|^2 - \sum_{i=1}^{r} n_i \overline{X_i}^2 = 2697904 - 2657490 = 40414,$$

$$V'' = \sum_{i=1}^{r} n_i \overline{X_i}^2 - n\overline{X}^2 = 2657490 - 2650691 = 6799.$$

ゆえに $\quad Z = \dfrac{(n-r)V''}{(r-1)V'} = \dfrac{20 \times 6799}{3 \times 40414} = 1.12 < 3.10 = x_{20}^3(0.05).$

以上と (8.31) から (8.23) の H_0 は棄却されない(イチロー選手の打撃力に年度による有意差はない)．

　以下では (8.27)–(8.29) について，もう少し掘り下げて考えると同時に (8.30) の追加説明，および補題 8.4.2, 定理 8.4.3 を証明する．そのために，まず V', V'' を別表示する．

各行 $i = 1, \dots, r$ ごとに

$$\langle X_i \rangle = \sum_{j=1}^{n_i} (X_{ij} - \overline{X_i})^2 \quad (X_i \text{ の偏差平方和})$$

とおくと,

$$V' = \sum_{i=1}^{r} \langle X_i \rangle, \quad V'' = \sum_{i=1}^{r} n_i (\overline{X_i} - \overline{X})^2. \tag{8.32}$$

実際,

$$\langle X_i \rangle \overset{(6.7)}{=} \sum_{j=1}^{n_i} X_{ij}^2 - n_i \overline{X_i}^2$$

これを $i = 1, \dots, r$ について加えて (8.32) 第一式を得る. また,

$$n_i (\overline{X_i} - \overline{X})^2 = n_i \overline{X_i}^2 - 2 n_i \overline{X_i}\, \overline{X} + n_i \overline{X}^2$$

これを $i = 1, \dots, r$ について加える際,

$$\sum_{i=1}^{r} n_i \overline{X_i} \overset{(8.26)}{=} n\overline{X}, \quad \sum_{i=1}^{r} n_i = n$$

に注意すると (8.32) 第二式を得る.

補題 8.4.2 の証明 a): $\langle Y_i \rangle \overset{(6.6)}{=} b^2 \langle X_i \rangle$. これと (8.32) 第一式による.

b): $\overline{Y_i} = a + b\overline{X_i}$, $\overline{Y} = a + b\overline{X}$ より $\overline{Y_i} - \overline{Y} = b(\overline{X_i} - \overline{X})$ これと (8.32) 第二式による.

c): a), b) による. $\backslash(\char`\^\square\char`\^)/$

(8.30) の説明: V', V'', Z と m_i の関係を考察する.

• V' の分布は m_i に無関係. なぜならすべての X_{ij} を $X_{ij} - m_i \approx N(0, v)$ に置き換えても V' も不変(補題 8.4.2).

• $m_1, \dots, m_r$ のばらつきが大きいと V'' は確率的に大きくなる. なぜなら各行の平均 $m_1, \dots, m_r$ のばらつきが大きいと各行の標本平均 $\overline{X_1}, \overline{X_2}, \dots, \overline{X_r}$

のばらつきが確率的に大きくなり，その結果 (8.32) 第二式より V'' は確率的に大きくなる.

以上を併せると (8.30) が説明される.

定理 8.4.3 は次の命題を経由して示す.

命題 8.4.4 記号は (8.22)–(8.29) のとおりとするとき,

a) $V', V'', \overline{X}$ は独立.

b) $V'/v \approx \chi^2_{n-r}$.

c) 特に $m_1 = \cdots = m_r$ なら, $V''/v \approx \chi^2_{r-1}$.

証明 (8.22) に対応して, $x \in \mathbb{R}^n$ を

$$x = (x_{i\,j}) = \begin{pmatrix} x_{1\,1} & \cdots & x_{1\,n_1} \\ x_{2\,1} & \cdots & x_{2\,n_2} \\ & \vdots & \\ x_{r\,1} & \cdots & x_{r\,n_r} \end{pmatrix}$$

と二重添字で座標表示する. したがって, x の ユークリッドノルム $|x|$ は

$$|x|^2 = \sum_{i=1}^{r} \sum_{j=1}^{n_i} x_{i\,j}^2$$

で与えられる. いま, $e_i = (\underbrace{1, \ldots, 1}_{n_i})$ とし, 線形写像 $P, P_0 : \mathbb{R}^n \to \mathbb{R}^n$ をそれぞれ次のように定める:

$$Px = \begin{pmatrix} \overline{x}_1 e_{n_1} \\ \vdots \\ \overline{x}_r e_{n_r} \end{pmatrix}, \quad P_0 x = \begin{pmatrix} \overline{x} e_{n_1} \\ \vdots \\ \overline{x} e_{n_r} \end{pmatrix}, \quad \text{ただし} \quad \begin{aligned} \overline{x}_i &= \frac{1}{n_i} \sum_{j=1}^{n_i} x_{i\,j}, \\ \overline{x} &= \frac{1}{n} \sum_{i=1}^{r} \sum_{j=1}^{n_i} x_{i\,j}. \end{aligned}$$

P は添字 i ごとに $(x_{ij})_{j=1}^{n_i}$ を平均する線形写像，P_0 はすべての座標を平均する線形写像を表す．したがって $I : \mathbb{R}^n \to \mathbb{R}^n$ を恒等写像とするとき，

1) $V' \stackrel{(8.32)}{=} |(I-P)X|^2$, $V'' \stackrel{(8.32)}{=} |(P-P_0)X|^2$, $P_0X = \begin{pmatrix} \overline{X}e_{n_1} \\ \vdots \\ \overline{X}e_{n_r} \end{pmatrix}$.

一方，$\mathbb{R}^n$ の部分線形空間を次のように定める：

$$E = \{x \in \mathbb{R}^n ; \text{各 } i = 1,\ldots,r \text{ に対し } x_{i\,1} = x_{i\,2} = \cdots = x_{i\,n_i}\},$$

$$E_0 = \{x \in \mathbb{R}^n ; \text{すべての座標成分が等しい}\}.$$

定義から，$E = (E \cap E_0^\perp) \oplus E_0$（直交直和），したがって

2) $\mathbb{R}^n = E^\perp \oplus E = E^\perp \oplus (E \cap E_0^\perp) \oplus E_0$（直交直和）.

E, E_0 の次元はそれぞれ $r, 1$. したがって

3) $E^\perp, E \cap E_0^\perp$ の次元はそれぞれ $n-r, r-1$.

また，P, P_0 はそれぞれ E, E_0 への直交射影．したがって，

4) $I-P, P-P_0, P_0$ はそれぞれ $E^\perp, E \cap E_0^\perp, E_0$ への直交射影.

a)：1), 4), (7.8) による.

b)：V' は X を $Y \stackrel{\text{def}}{=} (X_{ij}-m_i)_{ij}$ に置き換えても同じ (補題 8.4.2 a))．よって

$$V'/v \stackrel{1)}{=} |(I-P)X|^2/v = |(I-P)Y|^2/v \stackrel{3),4),(7.10)}{\approx} \chi^2_{n-r}.$$

c)：$m_1 = \cdots = m_r = m$ なら，V'' は X を $Y = (X_{ij}-m)_{ij}$ に置き換えても同じ (補題 8.4.2 b))．よって

$$V''/v \stackrel{1)}{=} |(P-P_0)X|^2/v = |(P-P_0)Y|^2/v \stackrel{3),4),(7.10)}{\approx} \chi^2_{r-1}. \quad \backslash(^\square{}^)/$$

定理 8.4.3 の証明　$Z = \dfrac{(V''/v)/(r-1)}{(V'/v)/(n-r)} \stackrel{\text{命題 8.4.4,(8.1)}}{\approx} F^{r-1}_{n-r}.$ 　　v$(^\varepsilon{}^)$v

▶問 **8.4.1**　問 6.1.3 の表で，4 人の監督の勝率に有意差はあるか？　例 8.4.1 を参考に危険率 0.05 で検定せよ．

回帰分析

9.1 回帰分析とは？

例 9.1.1（気温が 1 度上がれば，ビールが何万本売れる？） 気温とビールの消費量は正比例すると言う．そこで，2005 年度の東京の平均気温（$x°C$）と，ビール類の出荷数（y 百万リットル）を月別に表にした[66]．ただし，4 月と 12 月のデータ（それぞれ，$(x, y) = (15.1, 592), (6.4, 652)$）は，気温と無関係な要因——察するに，新人の歓迎会，お花見，忘年会等？——を反映すると思われるので除外して考える．したがって，標本数 $n = 10$.

表 13: 気温 x とビールの出荷数 y（2005 年）

月	1	2	3	5	6	7	8	9	10	11	和	平方和
x	6.1	6.2	9.0	17.7	23.2	25.6	28.1	24.7	19.2	13.3	173.1	3608.77
y	273	376	483	491	674	637	618	544	506	494	5096	2728252

気温 x と出荷数 y に $y = a + bx$ なる関係があるとする．このとき，a, b の値を知ることは，ビールの生産や仕入れの量を調整する上で重要である．a, b の値を割り出すにはどうしたらよいだろうか？

以下で，例 9.1.1 で提起した問いに答える．まず用語を準備しよう．

---

[66] 資料の出典は，気象庁の電子閲覧室 (http://www.data.kishou.go.jp/index.htm)，およびキリンビールのサイト内にある「酒類市場データ」(http://www.kirin.co.jp/company/irinfo/market/index.html). また，「ビール類」とは従来のビールに加え，発泡酒，新ジャンル酒（いわゆる「第 3 のビール」）を含めたものを指す.

定義 9.1.2 一般に，変数 x, y の間に関数関係 $y = f(x)$ があるとする.

▶ 与えられた $x_j, y_j \in \mathbb{R}$ $(j = 1, \ldots, n)$ から f の形を推定することを**回帰分析**と言う. 特に

$$f(x) = a + bx \tag{9.1}$$

と限定し a, b を推定する場合を**線形回帰分析** と呼び, 係数 a, b を**回帰係数**と呼ぶ[67].

線形回帰分析はよく用いられ,「回帰分析」というと暗黙のうちに線形回帰分析を指すことも多い. 以下でも線形回帰分析のみ扱う.

以下, $x_j, y_j \in \mathbb{R}$ $(j = 1, \ldots, n)$ が与えられたとし, これらに対し以下の記号を導入する:

$$\overline{x} = \frac{1}{n} \sum_{j=1}^{n} x_j, \quad |x|^2 = \sum_{j=1}^{n} x_j^2, \quad \langle\, x \,\rangle = \sum_{j=1}^{n} (x_j - \overline{x})^2. \tag{9.2}$$

このとき, 明らかに

$$n\overline{x} = \sum_{j=1}^{n} x_j. \tag{9.3}$$

$\overline{y}, |y|^2, \langle\, y \,\rangle, n\overline{y}$ も同様に定め,

$$\langle\, x, y \,\rangle = \sum_{j=1}^{n} (x_j - \overline{x})(y_j - \overline{y}) \tag{9.4}$$

とする. このとき,

$$\langle\, x, y \,\rangle = \sum_{j=1}^{n} x_j y_j - n\overline{x}\,\overline{y}, \quad 特に \quad \langle\, x \,\rangle = \langle\, x, x \,\rangle = |x|^2 - n\overline{x}^2 \tag{9.5}$$

となることが容易にわかる(命題 6.1.3 参照). 以後, 次を常に仮定する:

$$x_1 = x_2 = \cdots = x_n \text{ でない } (\text{したがって } \langle\, x \,\rangle > 0). \tag{9.6}$$

---

[67] 変数 x を**説明変数**, y を**応答変数**, あるいは**被説明変数**と呼ぶことがある. また, より一般な回帰分析として, f が実1変数関数の場合を**単回帰分析**, さらに f が実多変数関数の場合を**重回帰** 分析と呼ぶ.

その上で，(9.1) における未知の係数 a, b に対応する統計量 $\widehat{a}, \widehat{b}$ を次のように定める：

$$\widehat{b} = \frac{\langle\, x, y\,\rangle}{\langle\, x\,\rangle}, \quad \widehat{a} = \overline{y} - \frac{\langle\, x, y\,\rangle}{\langle\, x\,\rangle}\overline{x} = \overline{y} - \widehat{b}\,\overline{x}. \tag{9.7}$$

なお，上の $\widehat{b}$ に具体的な数値を代入する際には，次の表現を使うとよい：

$$\widehat{b} = \frac{n\langle\, x, y\,\rangle}{n\langle\, x\,\rangle} = \frac{n\sum_{j=1}^{n} x_j y_j - (n\overline{x})\,(n\overline{y})}{n|x|^2 - (n\overline{x})^2}. \tag{9.8}$$

（分母分子それぞれの計算過程に「割り算」がなく，計算効率がよい．(9.3) 参照）．

命題 9.1.3（最小二乗法） 記号は上記のとおりとするとき，

$$\mathbb{R}^2 \ni (a, b) \longmapsto Q(a, b) \stackrel{\text{def}}{=} \sum_{j=1}^{n} (y_j - (a + bx_j))^2$$

は $(a, b) = (\widehat{a}, \widehat{b})$ のとき，最小値 $\langle\, y\,\rangle - \dfrac{\langle\, x, y\,\rangle^2}{\langle\, x\,\rangle}$ をとる．

証明 $Q(a, b) \stackrel{\text{式変形}}{=} n(\overline{y} - a - b\overline{x})^2 + \langle\, x\,\rangle\bigl(b - \widehat{b}\bigr)^2 + \langle\, y\,\rangle - \dfrac{\langle\, x, y\,\rangle^2}{\langle\, x\,\rangle}. \quad \backslash(\char`\^\square\char`\^)/$

命題 9.1.3 より，直線 $y = a + bx$ とデータ (x_j, y_j) $(j = 1, \ldots, n)$ の配置が最も近くなるような，(a, b) の選び方は (9.7) で与えられる．$y = \widehat{a} + \widehat{b}x$ を**標本回帰直線**，$\widehat{y_j} \stackrel{\text{def}}{=} \widehat{a} + \widehat{b}x_j$ $(j = 1, \ldots, n)$ を**回帰値**，$y_j - \widehat{y_j}$ $(j = 1, \ldots, n)$ を**残差**．また，残差の平方和を**残差平方和** と呼び $|y - \widehat{y}|^2$ と記す[68]．命題 9.1.3 より

$$Q(\widehat{a}, \widehat{b}) = |y - \widehat{y}|^2 = \langle\, y\,\rangle - \frac{\langle\, x, y\,\rangle^2}{\langle\, x\,\rangle}. \tag{9.9}$$

残差平方和は，データ (x_j, y_j) $(j = 1, \ldots, n)$ の配置と標本回帰直線 $y = \widehat{a} + \widehat{b}x$ の「近さ」の指標であると同時に，9.2 節で述べる回帰係数の推定でも重要な

---

[68] 英国の優生学者ゴルトンは，両親の平均身長 x と，成長後の子供の身長 y のデータ（cm に換算）から標本回帰直線 $y = \frac{2}{3}x + \frac{m}{3}$ $(m = 173.3)$ を得た (1886)．これは，$x < m$ なら子供は親より背が高く，$m < x$ ならその逆，ということを意味する．回帰 (regress) という言葉は，このとき最初に用いられた．

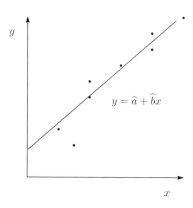

役割を演じる.

例 9.1.1 の続き： 例 9.1.1 のデータから標本回帰直線 $y = \widehat{a} + \widehat{b}x$ と残差平方和 $|y - \widehat{y}|^2$ を求める．表より

$$n\langle\, x\,\rangle \overset{(9.5)}{=} n|x|^2 - (n\overline{x})^2 = 10 \times 3608.77 - 173.1^2 = 6124.09,$$

$$n\langle\, y\,\rangle \overset{(9.5)}{=} n|y|^2 - (n\overline{y})^2 = 10 \times 2728252 - 5096^2 = 1313304,$$

$$n\langle\, x,y\,\rangle \overset{(9.5)}{=} n\sum_{j=1}^{n} x_j y_j - (n\overline{x})(n\overline{y})$$

$$= 10 \times 96066.2 - 173.1 \times 5096 = 78544.4.$$

$$n|y - \widehat{y}|^2 \overset{(9.9)}{=} n\langle\, y\,\rangle - \frac{(n\langle\, x,y\,\rangle)^2}{n\langle\, x\,\rangle}$$

$$= 1313304 - \frac{78544.4^2}{6124.09} = 305934.289\cdots.$$

以上から

$$\widehat{b} \overset{(9.8)}{=} \frac{78544.4}{6124.09} = 12.825\cdots,$$

$$\widehat{a} \overset{(9.7)}{=} 509.6 - \frac{78544.4}{6124.09} \times 17.31 = 287.590\cdots.$$

よって，標本回帰直線は $y = 288 + 12.8x$. 特に気温 1°C 上昇ごとにビール

類 1,280 万リットル, (大瓶 0.633 リットル に換算して約 2,022 万本) 消費が
伸びる.

▶ **問 9.1.1** あるコーヒーショップのチェーン店のうち, 10 店舗について店舗
ごと ($j = 1, \ldots, 10$ 号店) の従業員数 (x 人) と売り上げ (y 百万円) は次の表
のとおりとする. 標本回帰直線 $y = \widehat{a} + \widehat{b}x$ と残差平方和 $|y - \widehat{y}|^2$ を求めよ.

j	1	2	3	4	5	6	7	8	9	10	計
x_j	2	2	4	4	6	6	8	8	10	10	$60 (= 10\overline{x})$
y_j	3	3	5	6	7	7	8	9	10	10	$68 (= 10\overline{y})$

9.2 回帰係数の推定

線形回帰分析とは標本 (x_j, Y_j) ($j = 1, \ldots, n$) から未知の直線 (9.1) を推定
することだった[69]. 9.1 節では Y_j として定数のデータを考えたが, 多く集め
たデータは正規分布すると見なし, Y_j として正規分布する確率変数をとるこ
とは自然である. そこで, 次の設定を考える. $x_1, \ldots, x_n$ は与えられた定数
で (9.6) を満たす. $a, b \in \mathbb{R}, v > 0$ は未知定数,

$$Y_j \approx N(a + bx_j, v) \ (j = 1, \ldots, n) \text{ は独立確率変数.} \tag{9.10}$$

この設定で, a, b を区間推定する方法を述べる. 最小二乗法の考え方 ((9.7) 参
照) を流用し, a, b に対し次の統計量 $\widehat{a}, \widehat{b}$ を考える:

$$\widehat{b} = \frac{\langle x, Y \rangle}{\langle x \rangle}, \quad \widehat{a} = \overline{Y} - \widehat{b}\,\overline{x}. \tag{9.11}$$

また, 上の推定量に基づく回帰値を

$$\widehat{Y}_j = \widehat{a} + \widehat{b}x_j, \quad j = 1, \ldots, n \tag{9.12}$$

---

[69] 後の都合上, あえて x_j は小文字, Y_j は大文字にする.

とする. さらに $x \in \mathbb{R}^n$ は $x_1, \ldots, x_n$ を成分とするベクトル, $Y, \widehat{Y}$ も同様
とする. 回帰係数 a, b の推定は次の定理に基づく.

定理 9.2.1

$$R_0 = \sqrt{\frac{|x|^2 |Y - \widehat{Y}|^2}{n(n-2)\langle\, x\,\rangle}}, \quad R_1 = \sqrt{\frac{|Y - \widehat{Y}|^2}{(n-2)\langle\, x\,\rangle}} \tag{9.13}$$

とすると

$$\frac{\widehat{a} - a}{R_0} \approx \frac{\widehat{b} - b}{R_1} \approx T_{n-2} \ \ (\text{定義 } 8.2.2 \text{ 参照}). \tag{9.14}$$

証明は後回しにし, 先に応用を述べる.

(9.14) を用いた回帰係数の推定: 記号はいままでどおりとする. $x_1, \ldots, x_n$,
$Y_1, \ldots, Y_n$ の値から a, b を推定する方法を述べよう. $\mu = T_{n-2}$, $\alpha \in (0, 1/2)$
に対し $x(\alpha)$ を (8.12) で定め ($k = n-2$), $I = [-x(\alpha), x(\alpha)]$ とすると

$$P((\widehat{a} - a)/R_0 \in I) \overset{(9.14)}{=} \mu(I) \overset{(8.12)}{=} 1 - 2\alpha.$$

さらに, 上式 $P(\cdot)$ の中身を a について解いた形に書き直し,

$$P(a \in J_a) = 1 - 2\alpha, \quad \text{ただし} \ \ J_a = [\widehat{a} - x(\alpha)R_0, \ \widehat{a} + x(\alpha)R_0]. \tag{9.15}$$

つまり, (9.15) の区間 J_a が a の推定に関する $100 \times (1 - 2\alpha)$ % 信頼区間で
ある. 同様に, b の推定に関する $100 \times (1 - 2\alpha)$ % 信頼区間は

$$J_b = \left[\widehat{b} - x(\alpha)R_1, \ \widehat{b} + x(\alpha)R_1\right]. \tag{9.16}$$

例 9.2.2 例 9.1.1 の未知回帰係数 a, b に対し 95 % 信頼区間を求める. 例 9.1.1
より $|x|^2 = 3608.8$, $n\langle\, x\,\rangle = 6124.1$, $\widehat{a} = 287.59$, $\widehat{b} = 12.825$, $n|Y - \widehat{Y}|^2 =$
305934. よって

$$R_0 \overset{(9.13)}{=} \sqrt{\frac{|x|^2 n |Y - \widehat{Y}|^2}{n(n-2) n \langle\, x\,\rangle}} = \sqrt{\frac{3608.8 \times 305934}{80 \times 6124.1}} = 47.471,$$

$$R_1 \stackrel{(9.13)}{=} \sqrt{\frac{n|Y - \widehat{Y}|^2}{(n-2)n\langle\, x\,\rangle}} = \sqrt{\frac{305934}{8 \times 6124.1}} = 2.499.$$

また, p.138, 表 11 ($k = 8, \alpha = 0.025$) より $x(0.025) = 2.306$. これら を (9.15), (9.16) に代入し, a, b に対する 95 % 信頼区間はそれぞれ, $J_a = [178,\ 397]$, $J_b = [7.06,\ 18.59]$.

以下, 定理 9.2.1 の証明に移る. まず次を示す.

命題 9.2.3 記号は (9.10)–(9.12) のとおりとするとき,

$$\widehat{a} \approx N\left(a, \frac{v|x|^2}{n\langle\, x\,\rangle}\right), \quad \widehat{b} \approx N\left(b, \frac{v}{\langle\, x\,\rangle}\right), \tag{9.17}$$

$$\widehat{a}, \widehat{b} \text{ は共に } Y - \widehat{Y} \text{ と独立}, \tag{9.18}$$

$$|Y - \widehat{Y}|^2 / v \approx \chi^2_{n-2}. \tag{9.19}$$

証明 $n \times n$ 行列 P_α ($\alpha = 1, 2, 3$) を次のように定める:

$$(P_1)_{ij} \equiv 1/n, \quad (P_2)_{ij} = \frac{(x_i - \overline{x})(x_j - \overline{x})}{\langle\, x\,\rangle}, \quad P_3 = I - P_1 - P_2$$

ただし, I は単位行列を表す. また, 部分空間 $E_\alpha \subset \mathbb{R}^n$ ($\alpha = 1, 2, 3$) を次の ように定める:

$$E_1 = {}^t(1, \ldots, 1) \text{ の定数倍全体 ((0.14) 参照)},$$

$$E_2 = {}^t(x_1 - \overline{x}, \ldots, x_n - \overline{x}) \text{ の定数倍全体},$$

$$E_3 = (E_1 \oplus E_2)^{\perp}.$$

このとき $\mathbb{R}^n = E_1 \oplus E_2 \oplus E_3$ (直交直和),

P_α は E_α への直交射影, $\alpha = 1, 2, 3$,

$\dim E_1 = \dim E_2 = 1, \dim E_3 = n - 2$.

$Z_j \stackrel{\text{def}}{=} Y_j - a - bx_j \approx N(0, v)$, $Z \stackrel{\text{def}}{=} {}^t(Z_1, \ldots, Z_n)$ とすると補題 7.1.5 より,

1) $P_\alpha Z$ $(\alpha = 1, 2, 3)$ は独立,

2) $|P_3 Z|^2 / v \approx \chi^2_{n-2}.$

$\widehat{a}, \widehat{b}, \widehat{Y}$ の定義式を $\{Z_j\}$ の線形結合として書き直すと,

3) $\widehat{a} = a + \sum_{j=1}^n \left(\dfrac{1}{n} - \overline{x} \dfrac{x_j - \overline{x}}{\langle\, x\,\rangle} \right) Z_j,$ $\quad \widehat{b} = b + \sum_{j=1}^n \dfrac{x_j - \overline{x}}{\langle\, x\,\rangle} Z_j,$

4) $\widehat{Y}_i = a + bx_i + \sum_{j=1}^n \left(\dfrac{1}{n} + \dfrac{(x_i - \overline{x})(x_j - \overline{x})}{\langle\, x\,\rangle} \right) Z_j.$

次に以下 5)–7) を示す.

5) $Y - \widehat{Y} = P_3 Z.$

6) $\widehat{b}$ は $P_2 Z$ のみの関数として書き表せる.

7) $\widehat{a}$ は $P_1 Z, P_2 Z$ のみの関数として書き表せる.

5): $\widehat{Y}_i \overset{4)}{=} a + bx_i + \underbrace{(P_1 Z)_i + (P_2 Z)_i}_{= Z_i - (P_3 Z)_i} = Y_i - (P_3 Z)_i,$ すなわち $Y - \widehat{Y} = P_3 Z.$

6): (9.6) より $x_1 = \cdots = x_n$ でない. そこで, 例えば $x_1 \neq \overline{x}$ とする. このとき,

$$\widehat{b} - b \overset{3)}{=} \sum_{j=1}^n \frac{x_j - \overline{x}}{\langle\, x\,\rangle} Z_j = \frac{1}{x_1 - \overline{x}} \sum_{j=1}^n \frac{(x_1 - \overline{x})(x_j - \overline{x})}{\langle\, x\,\rangle} Z_j = \frac{1}{x_1 - \overline{x}} (P_2 Z)_1$$

7): 6) より $\widehat{a} = \overline{y} + \underbrace{\overline{Z}}_{=(P_1 Z)_1} - \widehat{b}\,\overline{x}$ は $P_1 Z, P_2 Z$ の関数として表せる.

以上を用い, (9.17)–(9.19) を示す.

(9.17), (9.18): $\widehat{a}$ は正規分布する iid $Z_1, \ldots, Z_n$ の線形和だから正規分布する(命題 4.1.4). 3) と $E Z_j = 0$ より $E\widehat{a} = a$. さらに

$$\mathrm{var}\,\widehat{a} \overset{3), (3.13)}{=} v \sum_{j=1}^n \left(\frac{1}{n} - \overline{x} \frac{x_j - \overline{x}}{\langle\, x\,\rangle} \right)^2 = \left(\frac{1}{n} + \frac{\overline{x}^2}{\langle\, x\,\rangle} \right) v = \frac{v|x|^2}{n\langle\, x\,\rangle}.$$

また, 1), 5), 7) より $\widehat{a}, Y - \widehat{Y}$ は独立. $\widehat{b}$ についても同様.

(9.19) : 2), 5) による. \(^□^)/

定理 9.2.1 の証明

$$U_0 \stackrel{\text{def}}{=} (\widehat{a} - a)\sqrt{\frac{n\langle x \rangle}{v|x|^2}} \stackrel{\substack{(9.17),\\ \text{例 } 1.5.5}}{\approx} N(0,1),$$

$$U_1 \stackrel{\text{def}}{=} (\widehat{b} - b)\sqrt{\frac{\langle x \rangle}{v}} \stackrel{\substack{(9.17),\\ \text{例 } 1.5.5}}{\approx} N(0,1),$$

$$V \stackrel{\text{def}}{=} |Y - \widehat{Y}|^2/v \stackrel{(9.19)}{\approx} \chi^2_{n-2}.$$

さらに, (9.18) より U_0, U_1 は共に V と独立. ゆえに

$$\frac{\widehat{a} - a}{R_0} = \frac{U_0}{\sqrt{V/(n-2)}} \stackrel{(8.10)}{\approx} T_{n-2},$$

$$\frac{\widehat{b} - b}{R_1} = \frac{U_1}{\sqrt{V/(n-2)}} \stackrel{(8.10)}{\approx} T_{n-2}. \qquad \mathsf{v}(^\wedge{}_\varepsilon{}^\wedge)\mathsf{v}$$

▶問 **9.2.1** 問 9.1.1 のデータから, 未知の回帰係数 a, b に対し 95%信頼区間を求めよ.

参考文献

[Dur1] Durrett, R. : "Elementary Probability for Applications", Cambridge University Press.

[Dur2] Durrett, R. : "Probability: Theory and Examples", 4th Ed., Cambridge University Press.

[舟木] 舟木直久：『確率論』，朝倉書店.

[Hal1] Hald, A. : "History of Probability and Statistics and Their Applications before 1750", Wiley-Interscience Publication.

[Hal2] Hald, A. : "A History of Mathematical Statistics From 1750 to 1930", Wiley-Interscience Publication.

[稲垣] 稲垣宣生：『数理統計学』改訂版，裳華房.

[稲垣・山根・吉田] 稲垣宣生・山根芳知・吉田光雄：『統計学入門』，裳華房.

[蓑谷] 蓑谷千凰彦：『統計学入門』1, 2，東京図書.

[松本・宮原] 松本裕行・宮原孝夫：『数理統計入門』，学術図書出版社.

[服部] 服部哲弥：『統計と確率の基礎』，学術図書出版社.

[鷲尾] 鷲尾泰俊：『日常の中の統計学』，岩波書店.

[吉田 1] 吉田伸生：『微分積分』，共立出版.

[吉田 2] 吉田伸生：『[新装版] ルベーグ積分入門——使うための理論と演習』，日本評論社.

[吉田 3] 吉田伸生："A course in probability"（英文講義録）. 著者のサイト（http://www.math.nagoya-u.ac.jp/~noby/index_j.html）のリンクからダウンロード可.

主に「確率論」に関するもの： 本書の内容はルベーグ積分論を前提としない初等的確率論が主であるが，現代の確率論においてはルベーグ積分論がその言語であり技術である．将来，ルベーグ積分論を学んだ読者が，より現代的な確率論に触れたいと思われたときのために [Dur2, 舟木, 吉田 3] を紹介する．なお，本書でも必要に応じルベーグ積分論的な考え方を紹介することがある．それらについては [吉田 2] を下敷きとした．ルベーグ積分をきちんと学びたいと思った読者のために紹介する．

主に「数理統計」に関するもの： 統計の教科書もいろいろな内容のものが出版されている．本書の内容に近いものとして [稲垣, 稲垣・山根・吉田, 服部, 松本・宮原] を挙げる．[稲垣] は細かいことまでいろいろ書いてあり面白いが，その分，入門書としては荷が重いかも知れない．[稲垣・山根・吉田] は，ざっと見た感じでは，骨格（必修理論の解説），肉付き（具体例など）共に程よい感じで読みやすそうだ．[服部] は，身近な具体例に即して，読み物風に書かれている点が特徴的だ．[松本・宮原] は必修事項を手っ取り早く学ぶのに適している．頁数も少なく，価格的にもお手ごろ．

確率・統計の歴史に関するもの： 本書では，主要な概念，定理についてはできるだけ，それらの歴史を紹介するようにした．その際，主に [Hal1, Hal2] を参考にした．

出典の紹介： 例 2.1.3 については田崎晴明氏に，竹中明夫氏（国立環境研究所）

のウェブサイトをご紹介いただき，それを参考にさせていただいた．例 3.2.4
は [服部, 第 2 章] を参考にさせていただいた．

問の略解

1 章

問 1.1.1 A_2 は排反事象 $A_2 \backslash A_1$, $A_2 \cap A_1$ の和. ゆえに

$$P(A_2) \overset{(1.2)}{=} P(A_2 \backslash A_1) + P(A_2 \cap A_1).$$

問 1.1.2 ド・モルガンの法則より，$\left(\bigcap_{j=1}^n A_j\right)^{\mathsf{c}} = \bigcup_{j=1}^n A_j^{\mathsf{c}}$, $\left(\bigcap_{j\geq 1} A_j\right)^{\mathsf{c}} = \bigcup_{j\geq 1} A_j^{\mathsf{c}}$. これと (1.11) より

$$P\left(\bigcap_{j=1}^n A_j\right) = 1 - P\left(\bigcup_{j=1}^n A_j^{\mathsf{c}}\right),\ P\left(\bigcap_{j\geq 1} A_j\right) = 1 - P\left(\bigcup_{j\geq 1} A_j^{\mathsf{c}}\right).$$

よって，事象 $A_1^{\mathsf{c}}, A_2^{\mathsf{c}}, \ldots$ に増大連続性 (1.6) を適用し結論を得る.

問 1.2.1 単純計算.

問 1.3.1 i) f の連続性から t が正の有理数，すなわち $t = \frac{n}{m}$ ($m, n \geq 1$ は自然数) のとき $f(t) = f(1)^t$ ならよい. まず $f\left(\frac{1}{m}\right)^m = f(\underbrace{\frac{1}{m} + \cdots + \frac{1}{m}}_{m}) = f(1)$ より

$f\left(\frac{1}{m}\right) = f(1)^{\frac{1}{m}}$. これを用いると $f\left(\frac{n}{m}\right) = f(\underbrace{\frac{1}{m} + \cdots + \frac{1}{m}}_{n}) = f\left(\frac{1}{m}\right)^n = f(1)^{\frac{n}{m}}$.

ii) μ の密度を ρ とすると，$f(t) \overset{\text{def}}{=} \int_t^\infty \rho$ は $t > 0$ について可微分（したがって連続）かつ仮定より i) の条件を満たす. したがって $f(t) = f(1)^t$. また，定義から $0 \leq f(1) \leq 1$ だが f は $f \not\equiv 0, 1$ $\left(\lim_{t\to 0} f(t) = 1,\ \lim_{t\to\infty} f(t) = 0\right)$ だから $0 < f(1) < 1$ でなければならない. そこで $r = -\log f(1) > 0$ とすると $f(t) = f(1)^t = e^{-rt}$. 両辺を微分し $\rho(x) = re^{-rx}$.

問 1.3.2 i) $y^{-2n}e^{-y^2/2} = -y^{-2n-1}(e^{-y^2/2})'$ に注意し部分積分.

ii) $I_n(x) > 0$ かつ $I_0(x) \overset{\text{i)}}{=} x^{-1}e^{-x^2/2} - I_1(x) \overset{\text{i)}}{=} (x^{-1} - x^{-3})e^{-x^2/2} + 3I_2(x)$.

iii) i) を繰り返し用い，$I_0(x) = \sum_{j=0}^n (-1)^j a_j x^{-2j-1} e^{-x^2/2} + (-1)^{n+1} a_{n+1} I_{n+1}(x)$.

問 1.4.1 A_i, B_j は例 1.4.2 のとおりとする. 改めて i, j 以外から選んだ箱が当たりである事象 C_1 と $i \neq 1$, $j \neq i$ に対し $P(C_1 | A_i \cap B_j) = \frac{1}{N-2}$. ゆえに

$$P(C_1 \cap B_j) \;=\; \sum_{\substack{2 \le i \le N \\ i \ne j}} P(C_1 \cap A_i \cap B_j) = \sum_{\substack{2 \le i \le N \\ i \ne j}} P(C_1 | A_i \cap B_j) P(A_i \cap B_j)$$

$$\overset{(1.27)}{=} \; (N-2) \cdot \frac{1}{N-2} \cdot \frac{1}{(N-2)N} \;=\; \frac{1}{(N-2)N}.$$

上式と (1.28) より $P(C_1 | B_j) = \frac{N-1}{(N-2)N}$. これは $P(A_1 | B_j) = \frac{1}{N}$ より大きい.

問 1.5.1 i) $I \subset S$ を任意の区間 $cI = \{cx \,;\, x \in I\}$ とする. このとき,
$P(X/c \in I) = P(X \in cI) = \int_{cI} \rho(y) dy \overset{y = cx}{=} c \int_I \rho(cx) dx.$

ii) i) で $\rho(x) = re^{-rx}$ の場合.

問 1.5.2 i) $P(X=1) = P(U \le p) = p,\; P(X=0) = P(U > p) = 1 - p.$ したがって X は $(1,p)$-二項分布をもつ.

ii) $P(X > s) = P(U < e^{-rs}) = e^{-rs}.$ したがって X は r-指数分布をもつ(例 1.3.8 参照).

問 1.5.3 $P(U < s) = P(X > \frac{1}{r}\log\frac{1}{s}) = \exp\left(-r \cdot \frac{1}{r}\log\frac{1}{s}\right) = s.$ したがって U は一様分布をもつ(例 1.3.8 参照).

問 1.5.4 任意の $s > 0$ に対し

$$P(s < e^X) \;=\; P(\log s < X) = \frac{1}{\sqrt{2\pi v}} \int_{\log s}^{\infty} \exp\left(-\frac{(x-m)^2}{2v}\right) dx$$

$$= \; \frac{1}{\sqrt{2\pi v}} \int_s^{\infty} \exp\left(-\frac{(\log y - m)^2}{2v}\right) \frac{dy}{y}.$$

以上と補題 1.3.7 より, e^X は $(0,\infty)$ 上に連続分布し, 密度 $\rho(y) = \frac{1}{\sqrt{2\pi v}} \exp\left(-\frac{(\log y - m)^2}{2v}\right) \Big/ y$ をもつ.

問 1.5.5 任意の $s > 0$ に対し

$$P(X_1^2 + X_2^2 > s) \;=\; \frac{1}{2\pi v} \int_{\{x \in \mathbb{R}^2 \,;\, |x|^2 > s\}} \exp\left(-\frac{|x|^2}{2v}\right) dx$$

$$\overset{極座標}{=} \frac{1}{2\pi v} \cdot 2\pi \int_{\sqrt{s}}^{\infty} \exp\left(-\frac{r^2}{2v}\right) r\, dr$$

$$= \; \left[-\exp\left(-\frac{r^2}{2v}\right)\right]_{\sqrt{s}}^{\infty} = \exp\left(-\frac{s}{2v}\right).$$

したがって X は $\frac{1}{2v}$-指数分布する(例 1.3.8 参照).

問 1.5.6 i) 任意の区間 $I \subset \mathbb{R}^d$ に対し

$$P(AX \in I) = P(X \in A^{-1}I) \quad = \quad \frac{1}{(2\pi)^{d/2}} \int_{A^{-1}I} \exp\left(-\frac{1}{2}|y|^2\right) dy$$

$$\overset{y = A^{-1}x}{=} \frac{1}{(2\pi)^{d/2} |\det A|} \int_I \exp\left(-\frac{1}{2}|A^{-1}x|^2\right) dx.$$

ii) $A\,{}^{\mathrm{t}}A = B\,{}^{\mathrm{t}}B$ から $|\det A| = |\det B|,\ |A^{-1}x|^2 = |B^{-1}x|^2$ がわかる．したがって (1.35) の ρ は，A を B に置き換えても同じ．

2章

問 2.1.1 $EX \overset{(2.3)}{=} \frac{1}{N}\sum_{s=1}^N s = \frac{1}{N}\cdot\frac{N(N+1)}{2} = \frac{N+1}{2}$．

問 2.1.2 $X \approx (a,b)$ 上の一様分布なら $EX \overset{(2.9)}{=} \frac{1}{b-a}\int_a^b x\,dx = \frac{1}{b-a}\cdot\frac{b^2-a^2}{2} = \frac{a+b}{2}$．
$X \approx r$-指数分布なら

$$EX \overset{(2.10)}{=} r\int_0^\infty xe^{-rx}dx \overset{\text{部分積分}}{=} \underbrace{[-xe^{-rx}]_0^\infty}_{=0} + \underbrace{\int_0^\infty e^{-rx}dx}_{=1/r} = \frac{1}{r}.$$

問 2.1.3 i) $tx - \frac{(x-m)^2}{2v} = mt + \frac{vt^2}{2} - \frac{(x-m-vt)^2}{2v}$ より，

$$E\exp(tX) = \frac{1}{\sqrt{2\pi v}}\int_{-\infty}^\infty \exp\Big(tx - \frac{(x-m)^2}{2v}\Big)\,dx$$
$$= \exp\Big(mt + \frac{vt^2}{2}\Big)\underbrace{\frac{1}{\sqrt{2\pi v}}\int_{-\infty}^\infty \exp\Big(-\frac{(x-m-vt)^2}{2v}\Big)\,dx}_{=1}.$$

ii) 平均年収 $\overset{\text{i)}}{=} e^{m+\frac{v}{2}}$．したがって，

$$(\text{平均年収以下の世帯数}) = (\text{全世帯数})\times P(e^X \le e^{m+\frac{v}{2}}).$$

一方，$\qquad P(e^X \le e^{m+\frac{v}{2}}) = P(X \le m+\frac{v}{2}) > 1/2.$

問 2.1.4 $\pm X \le |X|$, (2.13), (2.15) より $\pm EX \le E|X|$，つまり $|EX| \le E|X|$．

問 2.1.5 ヒントより $|X+Y|^p \le (|X|+|Y|)^p \le 2^{p-1}(|X|^p+|Y|^p)$．この不等式の右辺は仮定と (2.13)–(2.14) より可積分（命題 2.1.7 証明後の注参照），よって (2.15) より左辺も可積分．

問 2.1.6 ド・モルガンの法則より $A_0^{\mathsf{c}} = \bigcap_{j=1}^n A_j^{\mathsf{c}}$．これは $1 - X_0 = \prod_{j=1}^n (1 - X_j)$ と言い換えられ，第一の等式を得る．また，$\prod_{j=1}^n(1 - X_j)$ を展開して第二の等式を得る．得られた等式の両辺を平均すれば，$EX_{i_1}\cdots X_{i_k} \overset{(2.5)}{=} P(A_{i_1}\cap\cdots\cap A_{i_k})$ より，包含・排除公式を得る．

問 2.2.1 $E(|X-c|^2) = c^2 - 2cEX + E(X^2)$．右辺を平方完成し，(2.22) を用いる．

問 2.2.2 $\sum_{i,j=1}^n y_iy_j\mathrm{cov}(X_i,X_j) \overset{(2.21)}{=} \sum_{i,j=1}^n \mathrm{cov}(y_iX_i, y_jX_j)$
$\overset{(2.24)}{=} \mathrm{var}\big(\sum_{i=1}^n y_iX_i\big) \ge 0.$

問 2.2.3 $\mathrm{var}\,X \overset{(2.27),\ \text{問 2.1.1}}{=} \frac{1}{N}\sum_{n=1}^N n^2 - \big(\frac{N+1}{2}\big)^2 \overset{\text{ヒント}}{=} \frac{(N+1)(2N+1)}{6} - \frac{(N+1)^2}{4} = \frac{N^2-1}{12}$．

問 2.2.4 $g(c) = \sum_{n\ge 0} f(n)\frac{c^n}{n!}$ とおくと，

$$Ef(X) = g(c)e^{-c}, \qquad \frac{d}{dc}Ef(X) = g'(c)e^{-c} - g(c)e^{-c}.$$

また，$g'(c) = \sum_{n \geq 1} f(n) \frac{c^{n-1}}{(n-1)!} = \frac{1}{c} \sum_{n \geq 1} n f(n) \frac{c^n}{n!} = \frac{e^c}{c} E(Xf(X))$. これらと，(2.22), $EX \overset{(2.7)}{=} c$ を組み合わせ結論を得る．

問 2.2.5 $X \approx (a,b)$ 上の一様分布なら $EX = (a+b)/2$ (問 2.1.2).

また　　　　$E(X^2) = \frac{1}{b-a} \int_a^b x^2 dx = \frac{1}{b-a} \frac{b^3 - a^3}{3} = \frac{a^2 + ab + b^2}{3}$

よって　　$\operatorname{var} X \overset{(2.22)}{=} E(X^2) - (EX)^2 = \frac{a^2 + ab + b^2}{3} - \frac{(a+b)^2}{4} = \frac{(b-a)^2}{12}$.

$X \approx r$-指数分布とする．$\int_0^\infty e^{-rx} dx = r^{-1}$ の両辺を r について 2 回微分すると $\int_0^\infty x^2 e^{-rx} dx = 2r^{-3}$，つまり $r \int_0^\infty x^2 e^{-rx} dx = 2r^{-2}$．よって $E(X^2) = 2r^{-2}$．一方 $EX = r^{-1}$(問 2.1.2)．ゆえに $\operatorname{var} X \overset{(2.22)}{=} E(X^2) - (EX)^2 = 2r^{-2} - r^{-2} = r^{-2}$.

3 章

問 3.1.1 (3.3) で $A_j = \{s_j\}$ $(j \in J)$, $A_j = S_j$ $(j \notin J)$ とすれば

$$P\left(\bigcap_{j \in J} \{X_j = s_j\}\right) = \prod_{j \in J} P(X_j = s_j).$$

問 3.1.2 a) $\Rightarrow$ b): $1 \leq j \leq n$, $s_j \in S_j$ を任意に固定し，$s_1, \ldots, s_{j-1}, s_{j+1}, \ldots, s_n$ について a) の両辺の和をとると $P(X_j = s_j) = \mu_j(\{s_j\})$, つまり $X_j \approx \mu_j$. これを a) に代入して (3.2) を得る．

b) $\Rightarrow$ a): $X_j \approx \mu_j$ より任意の $1 \leq j \leq n$, $s_j \in S_j$ に対し $P(X_j = s_j) = \mu_j(\{s_j\})$. これを (3.2) に代入して a) を得る．

問 3.1.3 i) $P(6 \text{ の目が一度も出ない}) = (5/6)^4 = 0.482 \cdots$. よって「出る」に賭けるのがよい．

ii) $P(6,6 \text{ のぞろ目が一度もない}) = (35/36)^{24} = 0.508 \cdots$. よって「ない」に賭けるのがよい．

問 3.1.4 i) もし $k_1, \ldots, k_n \in \mathbb{N}$ の中に k_0 でない数があれば，k_0 より真に大きい数と，真に小さい数が存在する．例えば $k_1 < k_0 < k_2$ のとき，$\frac{(k_1+1)!(k_2-1)!}{k_1! k_2!} = \frac{k_1+1}{k_2} < 1$. よって，$k_1, k_2$ を両側から一つずつ k_0 に近づけると $k_1! \cdots k_n!$ の値は小さくなる．この操作を帰納的に繰り返し結論を得る．

ii) (左辺)/(右辺) $= (k_0!)^n/(k_1! \cdots k_n!)$.

問 3.1.5 $x \in S$ を任意，$k = 3, 4$, $F_k(x) = P(X_k \leq x)$ とする．

$$F_3(x) = P(X_1 \leq x, X_2 \leq x) = P(X_1 \leq x) P(X_2 \leq x) = \left(\int_a^x \rho_1\right)\left(\int_a^x \rho_2\right).$$

$$1 - F_4(x) = P(X_4 > x) = P(X_1 > x, X_2 > x) = P(X_1 > x) P(X_2 > x)$$

$$= \left(\int_x^b \rho_1\right)\left(\int_x^b \rho_2\right).$$

よって $F_k' = \rho_k$. したがって $F_k(x) = \int_a^x F_k' = \int_a^x \rho_k$. これと補題 1.3.7 より X_k は密度 ρ_k をもつ連続確率変数.

問 3.1.6 (3.10) より X_3 は密度 $r_1 e^{-r_1 x} + r_2 e^{-r_2 x} - (r_1 + r_2) e^{-(r_1 + r_2)x}$ をもつ連続分布, X_4 は $(r_1 + r_2)$-指数分布する.

問 3.1.7 i) 任意の $k = 2, \ldots, n$ および $1 = i_1 < i_2 < \cdots < i_k \leq n$ に対し次を言えばよい:

1) $\qquad P(A_1^\mathsf{c} \cap A_{i_2} \cap \cdots \cap A_{i_k}) = P(A_1^\mathsf{c}) P(A_{i_2}) \cdots P(A_{i_k})$ ($i_1 = 1$ のとき),

2) $\qquad P(A_{i_1} \cap \cdots \cap A_{i_k}) = P(A_{i_1}) \cdots P(A_{i_k})$ ($i_1 \geq 2$ のとき).

2) は $A_2, \ldots, A_n$ の独立性による. 1) は:

$$
\begin{aligned}
\text{左辺} &= P(A_{i_2} \cap \cdots \cap A_{i_k}) - P(A_1 \cap A_{i_2} \cap \cdots \cap A_{i_k}) \\
&= P(A_{i_2}) \cdots P(A_{i_k}) - P(A_1) P(A_{i_2}) \cdots P(A_{i_k}) \\
&= (1 - P(A_1)) P(A_{i_2}) \cdots P(A_{i_k}) = \text{右辺}.
\end{aligned}
$$

ii) i) を繰り返し適用すればよい.

問 3.1.8 $\Rightarrow$: 任意の $s_1, \ldots, s_n \in \{0, 1\}$ に対し $J \stackrel{\text{def}}{=} \{1 \leq j \leq n \; ; \; s_j = 0\}$, $B_1, \ldots, B_n$ を (3.11) で定める. このとき $B_1, \ldots, B_n$ は独立(問 3.1.7). よって

$$
P\Big(\bigcap_{j=1}^n \{\mathbf{1}_{A_j} = s_j\}\Big) = P\Big(\bigcap_{j=1}^n B_j\Big) = \prod_{j=1}^n P(B_j) = \prod_{j=1}^n P(\mathbf{1}_{A_j} = s_j).
$$

$\Leftarrow$: 任意の $J \subset \{1, \ldots, n\}$ に対し $\{\mathbf{1}_{A_j}\}_{j \in J}$ は独立(問 3.1.1). よって

$$
P\Big(\bigcap_{j \in J} A_j\Big) = P\Big(\bigcap_{j \in J} \{\mathbf{1}_{A_j} = 1\}\Big) = \prod_{j \in J} P(\mathbf{1}_{A_j} = 1) = \prod_{j \in J} P(A_j).
$$

問 3.1.9 i) 問題の三事象を順に A_1, A_2, A_3 とすると $P(A_j) = 1/2$ ($j = 1, 2, 3$). 一方 $A_1 \cap A_2 \cap A_3 = \emptyset$ だから, $P(A_1 \cap A_2 \cap A_3) = 0 \neq P(A_1) P(A_2) P(A_3)$. したがって A_1, A_2, A_3 は独立でない. 一方, 任意の $1 \leq i < j \leq 3$ に対し $A_i \cap A_j$ は唯一つの元を含む. したがって $P(A_i \cap A_j) = \frac{1}{4} = P(A_i) P(A_j)$. したがって A_i, A_j は独立.

ii) i) と問 3.1.8 による.

問 3.1.10 i) $p = 1 - 3q$ を $p = (p + q)^3$ に代入し, $q \neq 0$ を用いて整理すると $8q^2 - 12q + 3 = 0$. これを解くと, 解の一つとして $q = \frac{3 - \sqrt{3}}{4}$ を得る. よって $q = \frac{3 - \sqrt{3}}{4}$, $p = 1 - 3q$ に対し $p = (p + q)^3$.

ii) $P(A_i) = p + q$ ($i = 1, 2, 3$), また $A_1 \cap A_2 \cap A_3 = \{0\}$ だから $P(A_1 \cap A_2 \cap A_3) = P(\{0\}) = p = (p + q)^3 = P(A_1) P(A_2) P(A_3)$. 一方 $A_1 \cap A_2 = \{0\}$ だから $P(A_1 \cap A_2) = P(\{0\}) = p = (p + q)^3 < (p + q)^2 = P(A_1) P(A_2)$. よって A_1, A_2 は独立でなく, したがって A_1, A_2, A_3 は独立でない.

問 3.2.1 i) 左辺 $\overset{(2.14)}{=}E[f(X)g(X)]+E[f(Y)g(Y)]-E[f(X)g(Y)]-E[f(Y)g(X)]$
$\overset{(3.12)}{=}2E[f(X)g(X)]-2Ef(X)Eg(X)=$ 右辺.

ii) 仮定より $f(X)-f(Y),\ g(X)-g(Y)$ は常に同符号. よって i) より結論を得る.

問 3.2.2 $\operatorname{var}X_j \overset{(2.22)}{\leq}E[X_j^2]\leq bEX_j$. これと (3.13) より結論を得る.

問 3.2.3 i) ヒントで述べたことから $P(X_1=X_2=1)=0\neq P(X_1=1)P(X_2=1)$.

ii) $EX_1=EX_2=0,\ X_1X_2\equiv 0$ による.

問 3.2.4 i) $\{X_1>1/\sqrt{2}\}=\{\cos U>1/\sqrt{2}\}=\{U\in(-\pi/4,\pi/4)\}$,
$$\{X_2>1/\sqrt{2}\}=\{\sin U>1/\sqrt{2}\}=\{U\in(\pi/4,3\pi/4)\}.$$
よって $i=1,2$ に対し $\{X_1>1/\sqrt{2},X_2>1/\sqrt{2}\}=\emptyset,\ P(X_i>1/\sqrt{2})=1/4.$
以上より $0=P(X_1>1/\sqrt{2},X_2>1/\sqrt{2})\neq\prod_{i=1}^2 P(X_i>1/\sqrt{2})>0.$

ii) $EX_1=\frac{1}{2\pi}\int_{-\pi}^{\pi}\cos x\,dx=0$, よって
$$\operatorname{cov}(X_1,X_2)=E(X_1X_2)=\frac{1}{2\pi}\int_{-\pi}^{\pi}\cos x\sin x\,dx=0.$$

4 章

問 4.1.1 単純計算.

問 4.1.2 i) 梨を一列に並べた後, k 組に分けると考える. 各組に少なくとも 1 個入れるには, 梨の隙間 ($n-1$ 個) に $k-1$ 個のつい立てを一つずつ置けばよい. よって答 $=\binom{n-1}{k-1}$.

ii) $n+k$ 個の梨を i) の方法で k 箱に分けた後, 各箱から 1 個ずつ抜けばよい. よって, 答 $=\binom{n+k-1}{k-1}$.

問 4.1.3 $k,\ell\in\mathbb{N}$ に対し,
$$P(S_Z=k,Z-S_Z=\ell)=P(Z=k+\ell,S_{k+\ell}=k)\overset{(3.2)}{=}P(Z=k+\ell)P(S_{k+\ell}=k)$$
$$\overset{(1.15),(4.1)}{=}\frac{e^{-c}c^{k+\ell}}{(k+\ell)!}\binom{k+\ell}{k}p^k(1-p)^\ell=\frac{e^{-cp}(cp)^k}{k!}\frac{e^{-c(1-p)}(c(1-p))^\ell}{\ell!}.$$
上式より, $S_Z,Z-S_Z$ は独立. $S_Z\approx cp$-ポアソン分布, $Z-S_Z\approx c(1-p)$-ポアソン分布.

問 4.1.4 例 4.1.1 と同様に考えればよい.

問 4.1.5 左辺, 右辺をそれぞれ $\ell_k(p),\ r_k(p)$ とする. $\ell_1(p)=r_1(p)$ は容易にわかる. そこで $\ell_{k-1}(p)=r_{k-1}(p)$ を仮定すると,
$$\ell_k(p)=\ell_{k-1}(p)-P(S_n=k-1)=r_{k-1}(p)-\binom{n}{k-1}p^{k-1}(1-p)^{n-k+1},$$
これを p で微分すると
$$\ell_k'(p)=(n-k+1)\binom{n}{k-1}p^{k-1}(1-p)^{n-k}=k\binom{n}{k}p^{k-1}(1-p)^{n-k}=r_k'(p).$$

さらに $\ell_k(0) = r_k(0) = 0$ に注意すると $\ell_k(p) = r_k(p)$.

問 4.1.6 i) $P(X = s, S_n = k) = P(X = s) \overset{(3.4)}{=} p^k(1-p)^{n-k}$. これと, (4.1) より結論を得る.

ii) $F(k) = \displaystyle\sum_{\substack{s \in \{0,1\}^n \\ s_1 + \cdots + s_n = k}} f(s)$ とおくと,

1) $\qquad Ef(X) \overset{(2.1)}{=} \sum_{s \in \{0,1\}^n} f(s) P(X = s) \overset{(3.4)}{=} \sum_{k=0}^n p^k(1-p)^{n-k} F(k)$.

したがって

$$
\begin{aligned}
p(1-p)\frac{d}{dp}Ef(X) &= \sum_{k=0}^n \left(kp^k(1-p)^{n-k+1} - (n-k)p^{k+1}(1-p)^{n-k} \right) F(k) \\
&= \sum_{k=0}^n kp^k(1-p)^{n-k} F(k) - np\sum_{k=0}^n p^k(1-p)^{n-k} F(k).
\end{aligned}
$$

上式右辺第一項は, 1) で $f(s)$ を $(s_1 + \cdots + s_n)f(s)$ に置き換えたものだから $= E(S_n f(X))$. また, 上式右辺第二項 $\overset{1),(4.2)}{=} E(S_n)Ef(X)$.

問 4.1.7 a): $\binom{r}{k}\binom{n-r}{n_1-k} \big/ \binom{n}{n_1}$. これは赤玉 r 個, 白玉 $n-r$ 個が入った壺の中から n_1 個取り出した玉の中に赤玉が k 個含まれている確率 (**超幾何分布**) でもある.
b): $\binom{r}{k} p^k(1-p)^{r-k}$, ただし $p = \frac{c_1}{c_1+c_2}$.

問 4.1.8 記号は問 4.1.4 に準じるものとする. 恒等式:

$$
(1 + t_1 + \cdots + t_d)^n = \sum_{\substack{r \in \mathbb{N}^d \\ |r| \leq n}} \binom{n}{r} t_1^{r_1} \cdots t_d^{r_d}, \quad t_1, \ldots, t_d \in \mathbb{R}, \quad n = 1, 2, \ldots
$$

を用い, (4.3) の証明と同様に考えて次を得る: $\binom{n_1+n_2}{r} = \sum_{\substack{k,\ell \in \mathbb{N}^d \\ k+\ell=r}} \binom{n_1}{k}\binom{n_2}{\ell}$. これを用いると, 二項分布の場合と同様に $P(X_1 + X_2 = r)$ が計算できて, $X_1 + X_2$ は $(n_1+n_2, p_1, \ldots, p_d)$-多項分布する.

問 4.2.1 結論は $1 - e^{-r}$-幾何分布. 実際, $1 + \lfloor X \rfloor = n \iff X \in [n-1, n)$. したがって

$$
P(1 + \lfloor X \rfloor = n) = P(X \in [n-1, n)) = r\int_{n-1}^n e^{-rx}dx = (1 - e^{-r})e^{-(n-1)r}.
$$

問 4.2.2 $P(X_3 \leq n) = P(X_1 \leq n, X_2 \leq n) = P(X_1 \leq n)P(X_2 \leq n)$. よって

$$
\begin{aligned}
\rho_3(n) &= P(X_3 \leq n) - P(X_3 \leq n-1) \\
&= \underbrace{P(X_1 \leq n)}_{=\rho_1(n)+P(X_1 \leq n-1)} P(X_2 \leq n) - P(X_1 \leq n-1)\underbrace{P(X_2 \leq n-1)}_{=P(X_2 \leq n)-\rho_2(n)} \\
&= \rho_1(n)P(X_2 \leq n) + \rho_2(n)P(X_1 \leq n-1).
\end{aligned}
$$

$$P(X_4 \geq n) = P(X_1 \geq n)P(X_2 \geq n). \quad \text{よって}$$

$$
\begin{aligned}
\rho_4(n) &= P(X_4 \geq n) - P(X_4 \geq n+1) \\
&= P(X_1 \geq n)\underbrace{P(X_2 \geq n)}_{=\rho_2(n)+P(X_2 \geq n+1)} - \underbrace{P(X_1 \geq n+1)}_{=P(X_1 \geq n)-\rho_1(n)}P(X_2 \geq n+1) \\
&= \rho_1(n)P(X_2 \geq n+1) + \rho_2(n)P(X_1 \geq n).
\end{aligned}
$$

問 4.2.3 (4.16) で $\rho_j(n) = p_j(1-p_j)^{n-1}$ の場合を計算すればよい.

問 4.2.4 T_ℓ と $X_1,\dots,X_n$ の関係から, $\{T_\ell = n\} = A \cap B$, ただし $A = \{X_1 + \cdots + X_{n-1} = \ell-1\}$, $B = \{X_n = 1\}$. また, $P(A) = \binom{n-1}{\ell-1}p^{\ell-1}(1-p)^{n-\ell}$ (例 4.1.1), $P(B) = p$, さらに A, B は独立. よって $P(T_\ell = n) = P(A \cap B) = P(A)P(B) = \binom{n-1}{\ell-1}p^\ell(1-p)^{n-\ell}$.

問 4.2.5 i) $x \in [\ell, \ell+1]$ なら $\frac{1}{x} \in [\frac{1}{\ell+1}, \frac{1}{\ell}]$. よって $\log(\ell+1) - \log\ell = \int_\ell^{\ell+1}\frac{dx}{x} \in [\frac{1}{\ell+1}, \frac{1}{\ell}]$.

ii) $\gamma_{\ell+1} - \gamma_\ell = \frac{1}{\ell} - (\log(\ell+1) - \log\ell) \overset{\text{i)}}{\in} [0, \frac{1}{\ell} - \frac{1}{\ell+1}]$.

iii) ii) より γ_ℓ は有界かつ単調増加. ゆえに収束する.

問 4.2.6 「特定の恐竜」の番号を s とすると $\{X_j = s\}_{j=1}^n$ は独立事象, $P(X_j = s) = 1/\ell$ である. 等確率 p の独立事象が n 回中 k 回成功する確率は (n,p)-二項分布 (例 4.1.1) なので, 求める確率は $\binom{n}{k}\left(\frac{1}{\ell}\right)^k\left(1-\frac{1}{\ell}\right)^{n-k}$.

問 4.2.7
$$
\begin{aligned}
\operatorname{var} T_{\ell,\ell} &\overset{(3.13)}{=} \sum_{j=2}^\ell \operatorname{var} \tau_{\ell,j} \overset{(4.10)}{=} \sum_{j=2}^\ell \frac{1-p_{\ell,j}}{p_{\ell,j}^2} = \sum_{j=2}^\ell \frac{j-1}{\ell}\frac{1}{\left(1-\frac{j-1}{\ell}\right)^2} \\
&= \ell\sum_{j=2}^\ell \frac{j-1}{(\ell-j+1)^2} \overset{k=\ell-j+1}{=} \ell\sum_{k=1}^{\ell-1}\frac{\ell-k}{k^2} \\
&= \ell^2\sum_{k=1}^{\ell-1}\frac{1}{k^2} - \ell\sum_{k=1}^{\ell-1}\frac{1}{k}.
\end{aligned}
$$

問 4.2.8 n 人の誕生日 $X_1,\dots,X_n$ は $\{1,\dots,\ell\}$ ($\ell = 365$) に一様分布した iid と同一視できるので, 必要な人数は平均的に (4.15) で与えられ, 値は約 2364.

問 4.3.1 問 1.5.1 を (4.17) の ρ に適用.

問 4.3.2 $E(X^p) = \frac{r^a}{\Gamma(a)}\int_0^\infty x^{a+p-1}e^{-rx}dx \overset{(4.17)}{=} \frac{r^{-p}\Gamma(a+p)}{\Gamma(a)}$. 特に $p = 1, 2$ とし, (4.18) を用いると $EX = a/r$, $E(X^2) = (a+1)a/r^2$. ゆえに $\operatorname{var} X \overset{(2.22)}{=} E(X^2) - (EX)^2 = a/r^2$.

問 4.3.3 $Y = X^2 \overset{命題\,4.3.3}{\approx} \gamma(\frac{1}{2v}, \frac{1}{2})$. したがって

$$E(|X|^p) = E(Y^{p/2}) \overset{(4.19),(4.24)}{=} (2v)^{p/2} \frac{\Gamma(\frac{p+1}{2})}{\sqrt{\pi}}.$$

問 4.3.4 (4.18), (4.21) による。

問 4.3.5 $E(X^p) = \frac{1}{B(a,b)} \int_0^1 x^{a+p-1}(1-x)^{b-1}dx \overset{(4.20)}{=} \frac{B(a+p,b)}{B(a,b)}$. 特に $p = 1, 2$ とすると問 4.3.4 より $EX = \frac{a}{a+b}$, $E(X^2) = \frac{(a+1)a}{(a+b+1)(a+b)}$. ゆえに

$$\mathrm{var}\, X \overset{(2.22)}{=} E(X^2) - (EX)^2 = \frac{ab}{(a+b)^2(a+b+1)}.$$

問 4.3.6 任意の $s > 0$ に対し：

$$
\begin{aligned}
&P(\tau_1 + \cdots + \tau_T \le s) \\
&= \sum_{n \ge 1} P(T = n,\, \tau_1 + \cdots + \tau_n \le s) = \sum_{n \ge 1} P(T = n)P(\tau_1 + \cdots + \tau_n \le s) \\
&\overset{(4.23)}{=} \sum_{n \ge 1} p(1-p)^{n-1} \frac{r^n}{(n-1)!} \int_0^s x^{n-1} e^{-xr} dx \\
&= rp \int_0^s \sum_{n \ge 1} \frac{(r(1-p)x)^{n-1}}{(n-1)!} e^{-xr} dx \\
&= rp \int_0^s \exp(r(1-p)x) e^{-xr} dx = rp \int_0^s e^{-xrp} dx.
\end{aligned}
$$

以上と補題 1.3.7 より，$\tau_1 + \cdots + \tau_T \approx rp$-指数分布.

問 4.3.7 次を言えばよい. $s_1, \ldots, s_n \in \{0,1\}$ を任意，$k = s_1 + \cdots + s_n$ とするとき

1) $P(X_j = s_j,\, j = 1, \ldots, n) = p^k(1-p)^{n-k}$.

$\{1 \le j \le n\,;\, s_j = 1\} = \{j_1 < j_2 < \cdots < j_k\}$ とすると
$n - k = \sum_{\ell=1}^k (j_\ell - j_{\ell-1} - 1) + (n - j_k)$, ただし $j_0 \overset{\mathrm{def}}{=} 0$.

また $\{X_j = s_j,\, j = 1, \ldots, n\} = \{T_\ell = j_\ell,\, \ell = 1, \ldots, k\} \cap \{n < T_{k+1}\}$
$\qquad\qquad\qquad\qquad = \{\tau_\ell = j_\ell - j_{\ell-1},\, \ell = 1, \ldots, k\} \cap \{n - j_k < \tau_{k+1}\}$,

よって，次のようにして 1) が言える：

$$
\begin{aligned}
P(X_j = s_j,\, j = 1, \ldots, n) &= \prod_{\ell=1}^k \underbrace{P(\tau_\ell = j_\ell - j_{\ell-1})}_{= p(1-p)^{j_\ell - j_{\ell-1} - 1}} \times \underbrace{P(n - j_k < \tau_{k+1})}_{= (1-p)^{n-j_k}} \\
&= p^k(1-p)^{n-k}.
\end{aligned}
$$

問 4.4.1 $EZ \overset{(2.2)}{=} \sum_{n=2}^{\infty} nP(Z=n) \overset{(4.26)}{=} \sum_{n=2}^{\infty} n \cdot \frac{1}{(n-1)n} = \sum_{n=2}^{\infty} \frac{1}{n-1} = \infty.$

問 4.4.2 $\mathrm{var}\, S_n \overset{\text{問 3.2.2}}{\leq} ES_n = \sum_{j=1}^{n} E\mathbf{1}_{\{Y_j=1\}} = \sum_{j=1}^{n} P(Y_j=1) = \sum_{j=1}^{n} \frac{1}{j} \overset{(4.14)}{\leq} \log n + C.$

問 4.4.3 任意の $p \in (0,1)$ で,

$$P(X_{n,j} \leq p) = P(S_n \geq j) \overset{\text{問 4.1.5}}{=} j \binom{n}{j} \int_0^p x^{j-1}(1-x)^{n-j}dx.$$

ゆえに補題 1.3.7 より (4.28) を得る.

5 章

問 5.1.1 φ が非負単調増加であることは微分すればわかる. また,

$$\text{示すべき式の左辺} \overset{\text{例 3.1.3}}{=} \frac{1}{\ell} \sum_{j=0}^{n-1} \log\left(1-\frac{j}{\ell}\right) \overset{\ell \to \infty}{\longrightarrow} \int_0^c \log(1-x)dx = -\varphi(c).$$

問 5.1.2 $y \overset{\mathrm{def}}{=} \frac{k-nc}{\sqrt{n}}$ に対し $k = nc + y\sqrt{n}$. したがって,

$$e^{-nc}\frac{(nc)^k}{k!} \overset{(5.5)}{\sim} e^{-nc}\frac{(nce)^k}{\sqrt{2\pi k}k^k} = \frac{e^{-nc+k}}{\sqrt{2\pi k}}\left(\frac{k}{nc}\right)^{-k} = \frac{e^{y\sqrt{n}}}{\sqrt{2\pi k}}\left(1+\frac{y}{c\sqrt{n}}\right)^{-cn-y\sqrt{n}}.$$

これと, $\sqrt{2\pi k} \sim \sqrt{2\pi cn}$, $\left(1+\frac{y}{c\sqrt{n}}\right)^{-cn-y\sqrt{n}} \overset{(5.2)}{\sim} \exp\left(-y\sqrt{n}-\frac{y^2}{2c}\right)$ より結論を得る.

問 5.1.3
$$\begin{aligned}
P(S_{n+2k}=x) &\geq P(S_{n+2k-2}=x, X_{n+2k-1}=e_1, X_{n+2k}=-e_1)\\
&= P(S_{n+2k-2}=x)P(X_{n+2k-1}=e_1)P(X_{n+2k}=-e_1)\\
&= (2d)^{-2}P(S_{n+2k-2}=x) \geq \cdots \geq (2d)^{-2k}P(S_n=x).
\end{aligned}$$

問 5.2.1 $\varepsilon > 0$ を任意とする.

$$|X_n+Y_n-(X+Y)| \leq |X_n-X| + |Y_n-Y|$$

より, $|X_n+Y_n-(X+Y)| \geq \varepsilon$ なら, $|X_n-X| \geq \varepsilon/2$ または, $|Y_n-Y| \geq \varepsilon/2$. したがって,

$$P(|X_n+Y_n-(X+Y)| \geq \varepsilon) \leq P(|X_n-X| \geq \varepsilon/2) + P(|Y_n-Y| \geq \varepsilon/2).$$

$n \to \infty$ で 上式の右辺 $\to 0$. よって, 左辺 $\to 0$.

$$|X_nY_n-XY| \leq |X_n-X||Y_n-Y| + |X||Y_n-Y| + |Y||X_n-X|$$

より, $P(|X_nY_n-XY| \geq \varepsilon) \leq (1)+(2)+(3)$, ただし, (1), (2), (3) はそれぞれ

$$P(|X_n-X||Y_n-Y| \geq \varepsilon/3), \quad P(|X||Y_n-Y| \geq \varepsilon/3), \quad P(|Y||X_n-X| \geq \varepsilon/3)$$

である．これらがすべて $\to 0$ となることを言う．

$$(1) \le P(|X_n - X| \ge \sqrt{\varepsilon/3}) + P(|Y_n - Y| \ge \sqrt{\varepsilon/3}).$$

よって，$\lim_{n\to\infty}(1) = 0$．また，$M > 0$ に対し，

$$(2) \le P(|X| \ge M/3) + P(|Y_n - Y| \ge \varepsilon/M).$$

$n\to\infty$ とした後で，$M\to\infty$ とすれば，$\lim_{n\to\infty}(2) = 0$ がわかる．同様に，$\lim_{n\to\infty}(3) = 0$．
以上より，結論を得る．

問 5.2.2　任意の $\varepsilon > 0$ に対し

$$p_n \overset{\text{def}}{=} P\left(\left|\frac{S_n - ES_n}{n}\right| \ge \varepsilon\right) = P(|S_n - ES_n| \ge \varepsilon n)$$
$$\overset{(2.23)}{\le} \frac{1}{\varepsilon^2 n^2}\operatorname{var} S_n \overset{(2.25)}{\le} \frac{1}{\varepsilon^2 n^2}\left(nc_0 + 2\sum_{1 \le i < j \le n} c_{j-i}\right).$$

ここで $C_n \overset{\text{def}}{=} \frac{1}{n}\sum_{k=1}^{n-1} c_k \overset{n\to\infty}{\longrightarrow} 0$ より $\frac{1}{n^2}\sum_{j=2}^{n} jC_j \le \frac{1}{n}\sum_{j=2}^{n} C_j \overset{n\to\infty}{\longrightarrow} 0$．

$$\frac{1}{n^2}\sum_{1 \le i < j \le n} c_{j-i} = \frac{1}{n^2}\sum_{j=2}^{n}\sum_{k=1}^{j-1} c_k = \frac{1}{n^2}\sum_{j=2}^{n} jC_j \overset{n\to\infty}{\longrightarrow} 0.$$

以上より $p_n \overset{n\to\infty}{\longrightarrow} 0$．

問 5.2.3　$a_n = \log n$ に対し例 5.2.7 と同様に

1)　$E(|S_n - a_n|^2) \le 2\operatorname{var} S_n + 2|ES_n - a_n|^2$．

一方，

2)　$\begin{cases} \operatorname{var} S_n \overset{\text{問 4.4.2}}{\le} a_n + C_1, & (C_1, C_2 \text{ は} \\ |ES_n - a_n| \overset{\text{問 4.4.2}}{=} \left|\sum_{j=1}^{n}\frac{1}{j} - a_n\right| \overset{(4.14)}{\le} C_2, & n \text{ に無関係な定数}). \end{cases}$

よって $E(|S_n - a_n|^2) \overset{1),2)}{\le} 2a_n + 2C_1 + 2C_2^2$．この後は例 5.2.7 と同様にして結論を得る．

問 5.3.1　事故件数は $c = 25$ で c-ポアソン分布すると仮定し（例 1.2.4），例 5.3.3 と同様 Z_n $(n = 25)$ で表す．「35 件以上の事故が起こる」事象 $Z_n \ge 35$ を連続補正（例 5.3.2）し $Z_n \ge 35 - 0.5 = 34.5$ の確率を例 5.3.3 と同様に評価すると，$P(Z_n \ge 34.5) \overset{\text{ほぼ}}{=} \frac{1}{\sqrt{2\pi}}\int_{1.9}^{\infty} e^{-x^2/2}dx \overset{\text{ほぼ}}{=} 0.0287 < 0.05$．偶然にしては確率が小さすぎるので，事故誘発要因ありと推論される．

6 章

問 6.1.1　例 6.1.1 と同様にして，標本平均 = 34，偏差平方和 = 120，不偏分散 = 13.333 ⋯．

問 6.1.2　例 6.1.5 と同様にして 1950 年代，1960 年代，1970 年代の偏差平方和 = 4.816, 3.589, 14.14．不偏分散 = 0.5351, 0.3988, 1.571.

問 6.1.3　監督 X の在任中の勝率 $X_1, \dots, X_n$ に対し命題 6.1.3 の後の注の方針で，$\sum_{j=1}^{n} X_j, |X|^2, \dots$ を順次求め，次の表を得る．

監督（在任年数）	$\sum_{j=1}^{n} X_j$	$|X|^2$	$n\langle X \rangle$	$\langle X \rangle$	$\langle X \rangle/(n-1)$	$\overline{X}$
藤田 (7)	4.118	2.447424	0.174044	2.486×10^{-2}	4.144×10^{-3}	0.5882
王 (5)	2.842	1.627578	0.060926	1.219×10^{-2}	3.046×10^{-3}	0.5684
長嶋 (9)	4.861	2.637727	0.110222	1.225×10^{-2}	1.531×10^{-3}	0.5401
原 (7)	3.958	2.266536	0.199988	2.857×10^{-2}	4.762×10^{-3}	0.5654
計	15.779	8.979265				

　この表の $\overline{X}, \langle X \rangle, \langle X \rangle/(n-1)$ の列が求める量．（最終行の「計」はこの問には不必要だが，問 8.4.1 で用いる）．

問 6.2.1　ℓ^2 倍．

問 6.2.2　例 6.1.5 の表を用い，

$$\overline{X} = (263.2 + 271.1 + 270)/30 = 26.81,$$
$$|X|^2 = 6932.24 + 7353.11 + 7304.14 = 21589.49,$$
$$\langle X \rangle \overset{(6.7)}{=} |X|^2 - n\overline{X}^2 = 21589.49 - 30 \times (26.81)^2 = 26.207,$$
$$\frac{1}{n-1}\langle X \rangle = 26.207/29 = 0.903689 \cdots$$

命題 6.1.4 より $\frac{1}{n-1}\langle X \rangle$ は v の近似値と考えて，$v = 0.90369$ と仮定する．例 6.2.1 と同様に

$$x(\alpha)\sqrt{\frac{v}{n}} = \begin{cases} 2.5758 \times \sqrt{0.90369/30} = 0.4471, & \alpha = 0.005, \\ 1.9600 \times \sqrt{0.90369/30} = 0.3402, & \alpha = 0.025. \end{cases}$$

この値と $\overline{X} = 26.81$ を (6.14) に代入し，99 %，および 95 %信頼区間はそれぞれ [26.36, 27.26], [26.47, 27.15].

問 6.2.3　$1.96/2\sqrt{n} \le 0.01$ より $n \ge 9604$.

問 6.3.1　i) 例 6.3.1 にならい，棄却域を (6.19) で定める．仮説 $p = 1/2$ の下で

勝ち数 Z は $(12, 1/2)$-二項分布する. いま, $\rho(0) = \frac{1}{4096}$, $\rho(1) = \frac{12}{4096}$, $\rho(2) = \frac{66}{4096}$, $\rho(3) = \frac{220}{4096}$ より

$$(6.20)\ 右辺 = \begin{cases} \frac{158}{4096} = 0.0385\cdots < 0.05, & \ell = 2, \\ \frac{598}{4096} = 0.1459\cdots > 0.05, & \ell = 3. \end{cases}$$

よって, 求める範囲は $k = 0, 1, 2, 10, 11, 12$.

ii) 例 6.3.2 にならい, 棄却域を (6.22) で定めると,

$$(6.23)\ 右辺 = \begin{cases} \frac{79}{4096} = 0.019\cdots < 0.05, & \ell = 2, \\ \frac{299}{4096} = 0.072\cdots > 0.05, & \ell = 3. \end{cases}$$

よって, 求める範囲は $k = 0, 1, 2$.

7 章

問 7.1.1 $\langle X \rangle = 21.47$ (例 6.1.5) を (7.6) に代入し 95％信頼区間 $= [1.129,\ 7.952]$.

問 7.2.1 $d = 4$ なので p.120, 表 9 $(k = 3, \alpha = 0.05)$ から $x(0.05) = 7.8$. よって

$$Z_n = \frac{(288 - 300)^2}{300} + \frac{(396 - 370)^2}{370} + \frac{(210 - 240)^2}{240} + \frac{(106 - 90)^2}{90}$$
$$= 8.901\cdots > 7.8 = x(0.05).$$

ゆえに (7.18) より, 仮説は棄却される（ネパールでの血液型比率とは違う）.

8 章

問 8.1.1 1980 年代のデータ X_{1j} $(1 \le j \le n_1 = 10)$, 1950 年代のデータ X_{2j} $(1 \le j \le n_2 = 10)$ に (8.3) を仮定する. $\langle X_1 \rangle / 9 = 1.917$, $\langle X_2 \rangle / 9 = 0.5351$ (例 6.1.5, 問 6.1.2) より $Z = \frac{0.5351}{1.917} = 0.279$. $x_9^9(0.025) = 4.03$, (8.6) より, $J = [0.279/4.03,\ 0.279 \times 4.03] \ni 1$. したがって, H_0 は棄却されない.

問 8.1.2 長嶋監督のデータ X_{1j} $(1 \le j \le n_1 = 9)$, 原監督のデータ X_{2j} $(1 \le j \le n_2 = 7)$ に (8.3) を仮定し, 仮説 (8.7) を危険率 0.05 で検定する. $\langle X_1 \rangle / 8 = 1.531 \times 10^{-3}$, $\langle X_2 \rangle / 6 = 4.762 \times 10^{-3}$ (問 6.1.3) より $Z = \frac{\langle X_2 \rangle/(n_2-1)}{\langle X_1 \rangle/(n_1-1)} = \frac{4.762}{1.531} = 3.110$. これと, $x_6^8(0.025) = 5.60$, $x_8^6(0.025) = 4.65$ を (8.6) に代入し, $J = \left[\frac{3.110}{4.65},\ 3.110 \times 5.60 \right] \ni 1$. (8.8) より H_0 は棄却されない（両監督の, 年度による勝率のばらつきに有意差はない）.

問 8.2.1 $\overline{X} = 34$, $\langle X \rangle = 120$ (問 6.1.1). よって $R = \sqrt{\frac{120}{90}} = 1.1547$. また, $x(0.025) = 2.262$ (p.138, 表 11 $(k = 9, \alpha = 0.025)$). これらの値を (8.14) に代入し, 95％信頼区間 $= [31.39,\ 36.61]$.

問 8.3.1 1980 年代のデータ $X_{1\,j}$ $(1 \leq j \leq n_1 = 10)$, 1950 年代のデータ $X_{2\,j}$ $(1 \leq j \leq n_2 = 10)$ に (8.3) を仮定する．例 8.1.1 と同様に等分散の検定をおこなえば，1980 年代と 1950 年代の分散に有意差がないことがわかる．よって $v_1 = v_2$ と仮定してよい．仮説 (8.19) を危険率 0.05 $(\alpha = 0.025)$ で検定する．

$$D \overset{(8.15)}{=} \overline{X_1} - \overline{X_2} \overset{\text{例 }6.1.5,\text{ 問 }6.1.2}{=} 26.89 - 26.32 = 0.57,$$

$$S \overset{(8.17),(8.21)}{=} \sqrt{\frac{\langle X_1 \rangle + \langle X_2 \rangle}{n_1(n_1-1)}} \overset{\text{例 }6.1.5,\text{ 問 }6.1.2}{=} \sqrt{\frac{17.25+4.82}{90}} = 0.495.$$

よって $x(0.025)S = 2.101 \times 0.495 = 1.04 > 0.57 = |D|$．以上と (8.20) より H_0 は棄却されない（1980 年代が 1950 年代に比べて暑いとは言えない）．

問 8.3.2 長嶋監督のデータ $X_{1\,j}$ $(1 \leq j \leq n_1 = 9)$, 原監督のデータ $X_{2\,j}$ $(1 \leq j \leq n_2 = 7)$ に (8.3) を仮定する．問 8.1.2 より，分散の有意差なしだったから，$v_1 = v_2$ と仮定し，仮説 (8.19) を危険率 0.05 $(\alpha = 0.025)$ で検定する．$\overline{X_1} = 0.5401$, $\overline{X_2} = 0.5654$ $\langle X_1 \rangle = 1.225 \times 10^{-2}$, $\langle X_2 \rangle = 2.857 \times 10^{-2}$（問 6.1.3）より

$$D \overset{(8.15)}{=} \overline{X_1} - \overline{X_2} = 0.5401 - 0.5654 = -0.0253,$$

$$S \overset{(8.17)}{=} \frac{1}{10} \sqrt{\frac{16}{9 \cdot 7 \cdot 14}(1.225 + 2.857)} = 0.0272$$

また，p.138，表11 $(k = 14, \alpha = 0.025)$ より $x(0.025) = 2.145$．よって $x(0.025)S = 2.145 \times 0.0272 > 0.0253 = |D|$．以上と (8.20) より $\mathrm{H}_0 : m_1 = m_2$ は棄却されない（両監督の平均勝率に有意差はない）．

問 8.4.1 データを，(8.22) で $r = 4, n = n_1 + \cdots + n_r = 7 + 5 + 9 + 7 = 28$ の標本とみる．小数点をなくすため，$X = (X_{i,j}) = (1000 \times$ 勝率表の数字) から Z を計算する．問 6.1.3 の表より

$$n\overline{X} = 15779, \quad |X|^2 = 8979265, \quad n\overline{X}^2 = \frac{(n\overline{X})^2}{n} = \frac{15779^2}{28} = 8892030,$$

$$\sum_{i=1}^{r} n_i \overline{X_i}^2 = \sum_{i=1}^{r} \frac{(n_i \overline{X_i})^2}{n_i} = \frac{4118^2}{7} + \frac{2842^2}{5} + \frac{4861^2}{9} + \frac{3958^2}{7} = 8901400.$$

したがって $V' = |X|^2 - \sum_{i=1}^{r} n_i \overline{X_i}^2 = 8979265 - 8901400 = 77865,$

$$V'' = \sum_{i=1}^{r} n_i \overline{X_i}^2 - n\overline{X}^2 = 8901400 - 8892030 = 9370,$$

$$Z = \frac{(n-r)V''}{(r-1)V'} = \frac{24 \times 9370}{3 \times 77865} = 0.96 < 3.01 = x_{24}^3(0.05).$$

以上と (8.31) から仮説 (8.23) の H_0 は棄却されない（4 人の監督の勝率に有意差はない）.

9 章

問 9.1.1 $|x|^2 = 440,\ |y|^2 = 522,\ \sum_{j=1}^n x_j y_j = 476.$ よって

$$n\langle\, x\,\rangle \overset{(9.5)}{=} n|x|^2 - (n\overline{x})^2 = 10 \times 440 - 60^2 = 800,$$

$$n\langle\, y\,\rangle \overset{(9.5)}{=} n|y|^2 - (n\overline{y})^2 = 10 \times 522 - 68^2 = 596,$$

$$n\langle\, x,y\,\rangle \overset{(9.5)}{=} n\sum_{j=1}^n x_j y_j - (n\overline{x})(n\overline{y}) = 10 \times 476 - 60 \times 68 = 680,$$

$$\widehat{b} \overset{(9.8)}{=} \frac{680}{800} = 0.85, \quad \widehat{a} \overset{(9.7)}{=} \frac{68}{10} - 0.85 \times \frac{60}{10} = 1.70$$

$$(\text{標本回帰直線:}\ y = 1.70 + 0.85x),$$

$$|y - \widehat{y}|^2 \overset{(9.9)}{=} \langle\, y\,\rangle - \frac{\langle\, x,y\,\rangle^2}{\langle\, x\,\rangle} = 59.6 - \frac{68^2}{80} = 1.8.$$

問 9.2.1 問 9.1.1 より $|x|^2 = 440,\ \langle\, x\,\rangle = 80,\ \widehat{a} = 1.70,\ \widehat{b} = 0.85,\ |Y - \widehat{Y}|^2 = 1.8.$ よって $R_0 \overset{(9.13)}{=} 0.35178\cdots,\ R_1 \overset{(9.13)}{=} 0.053033\cdots$ また, p.138, 表 11 （$k = 8, \alpha = 0.025$）より $x(0.025) = 2.306.$ これらを (9.15), (9.16) に代入して, a, b に対する 95 ％信頼区間はそれぞれ, $J_a = [0.89,\ 2.51],\ J_b = [0.728,\ 0.972].$

索　引

吉田伸生（よしだ・のぶお）

略歴
1966 年　京都府に生まれる
1988 年　京都大学理学部数学科を卒業
2005 年　日本数学会解析学賞受賞
現　在　名古屋大学大学院多元数理科学研究科教授. 理学博士
　　　　専門は，確率論.

主な著書
『[新装版] ルベーグ積分入門』（日本評論社（遊星社刊を新装版化））
『微分積分』（共立出版）

[新装版] 確率の基礎から統計へ

2021 年 2 月 25 日　新装版第 1 刷発行

著　者　　　　　　　　　　　　吉　田　伸　生
発行所　　　　　　　　　　　株式会社 日本評論社
　　　　　　　　　〒170-8474 東京都豊島区南大塚 3-12-4
　　　　　　　　　　　　電話　(03) 3987-8621 [販売]
　　　　　　　　　　　　　　　(03) 3987-8599 [編集]
印　刷　　　　　　　　　　　　　　　藤原印刷
製　本　　　　　　　　　　　　　　井上製本所
装　幀　　　　　　　　　　　　　　海保　透